NHK
趣味の園芸
12か月
栽培ナビ
5

ブルーベリー

伴 琢也
Ban Takuya

12か月
栽培ナビ
Blueberry

目次
Contents

本書の使い方 ·· 4

ブルーベリー栽培の基本　　5

ブルーベリーの魅力 ·· 6
ブルーベリーの株のつくり ···································· 8
ブルーベリーの成長と栽培暦 ·································10
ブルーベリーの原産地と品種の系統 ···························12
　ノーザンハイブッシュ系 ··································14
　サザンハイブッシュ系 ····································18
　ラビットアイ系 ··22
栽培を始めるときには ·······································26
ブルーベリー栽培に適した用土と鉢 ···························28

12か月栽培ナビ　29

　　　ブルーベリーの年間の作業・管理暦 ……………… 30
　1月　冬の剪定／さし木用の穂木の採取と保存 …… 32
　2月　植え穴の準備 ………………………………… 42
　3月　鉢増し、鉢替え／庭への植えつけ（寒冷地）／
　　　　さし木（休眠枝ざし）／施肥 ………………… 46
　4月　人工授粉 ……………………………………… 58
　5月　マルチング資材の補充／鳥害対策／遮光 …… 60
　6月　収穫と保存／おいしい食べ方／夏の剪定 …… 62
　7月　 …………………………………………………… 70
　8月　鳥害対策資材の取り外し …………………… 72
　9月　遮光資材の取り外し／庭土のpH調整 ……… 74
　10月　 ………………………………………………… 76
　11月　庭への植えつけ（冬が温暖な地域）／
　　　　雪吊り（積雪地） ……………………………… 78
　12月　 ………………………………………………… 80

主な病害虫と対策 ……………………………………… 82

Q&A ………………………………………………………… 86

北国の栽培 ……………………………………………… 90
ブルーベリー栽培の歴史 ……………………………… 92
用語ナビ ………………………………………………… 94

Column

　ブルーベリーはなぜ酸性土壌で育つのか ………… 45
　マルチングは1年を通して行う …………………… 55
　果実の乾燥ストレス ……………………………… 63
　ブルーベリーとアントシアニン …………………… 77
　ブルーベリーの休眠 ……………………………… 81

本書の使い方

ナビちゃん
毎月の栽培方法を紹介してくれる「12か月栽培ナビシリーズ」のナビゲーター。どんな植物でもうまく紹介できるか、じつは少し緊張気味。

本書はブルーベリーの栽培にあたって、1月から12月に分けて、月ごとの作業や管理を詳しく解説しています。また、主な種類・品種の解説や病害虫の防除法などを、わかりやすく紹介しています。

＊「ブルーベリー栽培の基本」（5〜28ページ）では、ブルーベリーの株のつくりや部位の名称、主な系統と代表的な品種、栽培の際に知っておきたいポイントなどを紹介しています。

＊「12か月栽培ナビ」（29〜81ページ）では、月ごとの主な作業と管理を、初心者でも必ず行ってほしい 基本 と、中・上級者で余裕があれば挑戦したい トライ の2段階に分けて解説しています。主な作業の手順は、適期の月に掲載しています。

今月の作業をリストアップ →

基本
初心者でも必ず行ってほしい作業

中・上級者で余裕があれば挑戦したい作業

← 今月の管理の要点をリストアップ

＊「主な病害虫と対策」（82〜85ページ）では、ブルーベリーに発生する主な病害虫とその対策方法を解説しています。

＊「Q&A」（86〜89ページ）では、よくある栽培上の質問に答えています。

● 本書は関東地方以西を基準にして説明しています。地域や気候により、生育状態や開花期、作業適期などは異なります。また、水やりや肥料の分量などはあくまで目安です。植物の状態を見て加減してください。

● 種苗法により、種苗登録された品種については譲渡・販売目的での無断増殖は禁止されています。また、品種によっては、自家用であっても譲渡や増殖が禁止されており、販売会社と契約書を交わす必要があります。さし木などの栄養繁殖を行う場合は事前によく確認しましょう。

ブルーベリー栽培の基本

香り高くおいしい果実を収穫するために、
ブルーベリーの性質や成長、
栽培をスタートするときのポイントなど、
知っておきたいことを紹介します。

果実をつけたラビットアイブルーベリー。品種によっては樹高5m以上に育つので、剪定を行って、収穫しやすい位置に果実をつけさせよう。

ブルーベリーの魅力

1　無農薬栽培が可能

　ブルーベリーは、ほかの果樹と比べると、圧倒的に使用する薬剤（農薬）の量が少なくてすみます。薬剤に頼らなければならない病害虫が少ないので、ほとんど無農薬で栽培できます。

2　鉢植え、庭植えで栽培できる

　ブルーベリーは、ほかの果樹に比べると木が小さく、鉢植えでも十分に収穫が楽しめます。庭植えにすると、とても大きく育てることもでき、収穫量もふえます。

3　品種がたくさんある

　ブルーベリーには主に3つの系統があり、それぞれ品種がたくさんあります。果実の品質（大きさ、糖度、酸度、香り）も品種ごとに異なります。どの品種を栽培するか考えるのは、とても楽しいことでしょう。

　また、夏が冷涼な寒冷地に適した品種から、冬が温暖な地域に適した品種まであるので、気候に合わせた品種を選べば、日本全国で栽培ができます。

4　完熟果実のおいしさ

　完熟した果実のおいしさはいうまでもありません。摘んだ果実をすぐに生食するのはもちろん、簡単にジュースやジャムをつくれます。栽培した人だけが楽しめる味覚です。

5　じつは剪定が簡単

- およそ5年が経過した枝は基部から間引く。
- 樹勢の強い枝は半分を目安に切り返し、予備の枝（将来の結果母枝とする枝、35ページ参照）とする。
- 花芽を半分程度に落とす。

　以上のポイントを押さえておけば、毎年おいしい果実が収穫できます。たとえ間違えて剪定しても、地際から新しい枝（サッカー）が発生するので問題ありません。

釣り鐘形や壺形の花が咲く。やがてくる収穫期が待ち遠しい時期。写真はノーザンハイブッシュ系の'スパルタン'。

いよいよ収穫開始。完熟した果実はすぐに食卓や冷蔵庫へ。写真はノーザンハイブッシュ系の'スパルタン'。

晩秋には紅葉。枝先には来年に果実をつける花芽がある。

葉を落として休眠中。この時期の剪定で果実の品質が向上する。

ブルーベリーの株のつくり

　ブルーベリーは、毎年枝をふやして成長します。年数を経ると株元からサッカーが伸びてきて、株立ちの状態になります。果実と花は枝の先端の部分につきます。樹高は品種によって異なり、特にラビットアイ系は大きく育ちます。適切に剪定をして、収穫しやすい位置に果実をつけさせるようにしましょう。枝の種類については35ページを参照してください。

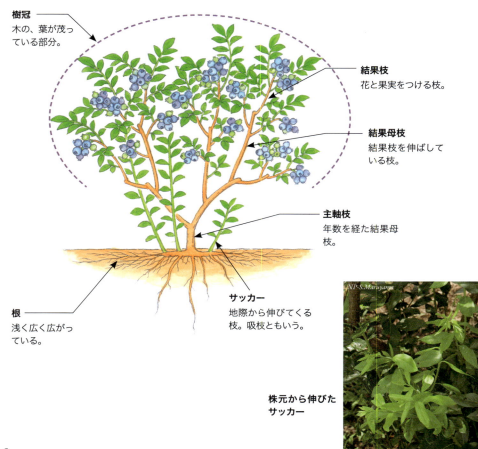

樹冠
木の、葉が茂っている部分。

結果枝
花と果実をつける枝。

結果母枝
結果枝を伸ばしている枝。

主軸枝
年数を経た結果母枝。

サッカー
地際から伸びてくる枝。吸枝ともいう。

根
浅く広く広がっている。

株元から伸びた
サッカー

花房
品種によって、花房につく花の数や花房の形が異なる。

花の内部

花

複数の花が集まって花房になっています。

果実

複数の果実が集まって果房になっています。果実は完熟すると果梗（かこう）から簡単に外れます。果実の中にはタネがあります。

果梗

果実の断面

根

植物体を支える太い根と、養水分を吸収する細い根があります。鉢増しや鉢替えのとき、根を観察してみましょう。コガネムシの幼虫が発生すると細い根を食害されてしまいます。

鉢から抜いた根鉢
太くて茶色い根は植物体を支える根。白くて細い根は養水分を吸収する根。

ブルーベリーの成長と栽培暦

			さし木・つぎ木繁殖		2 年生			3 年生	
		作業	3月	4月～12月	1月～8月	9・10・11・12月	1・2・3月	4・5・6・7月	8・9・10月
2年生苗を購入	鉢で育てる	購入・結実			2年生苗の購入				
		鉢増し・鉢替え → p50～p51					鉢増し（または翌年3月）		
		冬の剪定 → p34～p41						花芽をすべて落とす	
	庭に植える	購入・結実			2年生苗の購入				
		庭への植えつけ → p52～p55				鉢増し（または翌年3月）			
		冬の剪定 → p34～p41						花芽をすべて落とす	
3年生苗を購入	鉢で育てる	購入・結実						3年生苗の購入	
		鉢増し・鉢替え → p50～p51							
		冬の剪定 → p34～p41							
	庭に植える	購入・結実						3年生苗の購入	
		庭への植えつけ → p52～p55							
		冬の剪定 → p34～p41							

ブルーベリーは、さし木やつぎ木で繁殖した2〜3年生の苗が多く販売されています。苗の購入後の作業の流れを把握しておきましょう。早く果実を楽しみたいなら、3年生のよい苗を購入して鉢植えにすれば、次の年から結実させてもよいでしょう。なお、ブルーベリーは成木になるまで7年ほどかかります。

	4年生	5年生	6年生
11月 12月 1月 2月 3月	4月 5月 6月 7月 8月 9月 10月 11月 12月 1月 2月 3月	4月 5月 6月 7月 8月 9月 10月 11月 12月 1月 2月 3月	4月 5月 6月 7月 8月 9月 10月

結実（4年生6〜8月）　結実（5年生6〜8月）　結実（6年生6〜8月）

鉢増しか鉢替え（または翌年3月）　鉢増しか鉢替え（または翌年3月）　鉢増しか鉢替え（または翌年3月）

樹勢がよい場合は花芽を残す＊1　花芽を残す＊2　花芽を残す＊2

　　　　　　　　　　　　　結実　結実

樹勢がよければ庭に植える（寒冷地では翌年3月）＊3

花芽をすべて落とす　　　樹勢がよい場合は花芽を残す＊1　花芽を残す＊2

　　　　結実　結実　結実

鉢増し（または翌年3月）　鉢増しか鉢替え（または翌年3月）　鉢増しか鉢替え（または翌年3月）

樹勢がよい場合は花芽を残す＊1　花芽を残す＊2　花芽を残す＊2

　　　　　　　　　　　　　結実　結実

樹勢がよければ庭に植える（寒冷地では翌年3月）＊3

花芽をすべて落とす　　　樹勢がよい場合は花芽を残す＊1　花芽を残す＊2

＊1：ただし、将来の主軸枝とする枝の先端にある花芽はすべて落とす。花芽数は調整する（37、38ページ参照）。
＊2：花芽の数は調整する（37、38ページ参照）。
＊3：樹勢が弱い苗はさらに鉢で養成してから適期に庭に植える。

ブルーベリーの原産地と品種の系統

原産地は北米大陸

　ブルーベリーは、ツツジ科のスノキ属の植物です。現在、世界には約400種のスノキ属植物が存在することが報告されています（種の数は研究者により異なります）。

　北米には39種（26種という説もあります）のスノキ属の植物が自生しているとされています。米国農務省によって、そのうちの20種の通称に、「ブルーベリー」という言葉が含まれています。つまり、ブルーベリーという名前は、1つの種につけられたものではなく、複数の種を含む果樹の通称なのです。

　北米では古来より、先住民たちがスノキ属の果実を食用として利用してきました。スノキ属の植物は日本にも自生しており、クロマメノキ、ナツハゼ、シャシャンボ、コケモモなどがあります。これらの果実も古くから生食や加工品に利用されていますが、ブルーベリーとは呼ばれません。

日本に自生しているスノキ属の植物

ナツハゼ
夏に直径7～9mmの果実をつける。日本では北海道から九州に分布。

シャシャンボ
秋に直径約5mmの果実をつける。日本では関東地方南部以西から沖縄に分布。

ブルーベリーの系統

通称に「ブルーベリー」が含まれるスノキ属の植物のうち、農業のうえで重要な種類として「ハイブッシュブルーベリー」「ラビットアイブルーベリー」「ローブッシュブルーベリー」の3つの系統があげられます。

そのうち、日本の家庭でよく栽培されているのは、ハイブッシュブルーベリー（ハイブッシュ系）とラビットアイブルーベリー（ラビットアイ系）です。また、ハイブッシュ系と常緑性のブルーベリーを交配し、温暖な地域でも栽培できるサザンハイブッシュ系が作出されました。これらについては14～25ページで紹介しています。

ハイブッシュ系では、木が小さいハーフハイブッシュ系も作出されています（21ページ参照）。

なお、ローブッシュブルーベリー（ローブッシュ系）は、香りがよくてとても小さい果実をつけます。家庭園芸では一般的に、鉢植えにして、紅葉や枝ぶり、果実の色を楽しむオーナメンタルベリーとして栽培されています。

ローブッシュ系のブルーベリー
品種は'チグネクト'。

よく栽培されている
ブルーベリーの3つの系統

● **ノーザンハイブッシュ系（寒冷地向き）**
● **サザンハイブッシュ系（冬が温暖な地域向き）**
● **ラビットアイ系（冬が温暖な地域向き）**

栽培地の気候に合った系統を選ぶことがブルーベリー栽培の第一歩です。それぞれに多くの品種があります。

ノーザンハイブッシュ系

❶ 'ブルークロップ'

味と香りがよい品種が多い

寒冷地に適した系統で、寒さには強いのですが、夏の高温多湿と乾燥を嫌います。生育上、休眠から覚めるために、一定期間7℃以下の低温にあう必要があり、冬が温暖な地域には不向きで、関東地方より北での栽培が適しています。

果実が大きく、味と香りのよい品種が多くあります。結実はラビットアイ系より早く、早い品種は6月上旬から収穫が始まります。

果実のデータ

1個の果実の重さの目安

- ● 2.5g以上
- ● 2.0〜2.5g未満
- ● 2.0g未満

② 'ブルーレイ'、⑤ 'ドレイパー'、⑩ 'おおつぶ星' は同一条件で比較したデータがないのでここには示していない。

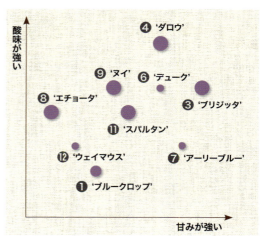

*車ら（2009）の栽培データをもとに収穫時期、果実の大きさ、甘み、酸味について評価しています。
*甘み・酸味は果汁に含まれる糖含有量・酸含有量を示したもので、実際の食味とは異なる場合があります

❸ 'ブリジッタ'

❹ 'ダロウ'

❶ 'ブルークロップ'
Bluecrop

収穫期　6月下旬〜7月上旬

ノーザンハイブッシュ系の基準となっている品種。果実の大きさ、風味、収量においてバランスがよい。1952年発表。

❷ 'ブルーレイ'
Blueray

収穫期　6月下旬〜7月上旬

樹勢が強く豊産性。大粒で香りのよい果実が収穫できる。生食用としての評価が高い。1955年発表。

❸ 'ブリジッタ'
Brigitta

収穫期　6月下旬〜7月上旬

果実が一部のカビに対して抵抗性をもつため、貯蔵性が'ブルークロップ'や'デューク'より優れる。大粒品種。1977年発表。

❹ 'ダロウ'
Darrow

収穫期　7月上旬〜中旬

果実は非常に大きく、完熟するとさわやかな酸味を楽しめる。早どりした果実は酸味が非常に強いので注意。1965年発表。

⑥ 'デューク'

⑧ 'エチョータ'

⑤ 'ドレイパー'
Draper

収穫期　6月中旬〜下旬

樹勢が強く豊産性。果実が一部の病害に対して抵抗性をもつので、貯蔵性に優れる。収穫期は'ブルークロップ'より5日ほど早い。2003年、米国特許出願。

⑥ 'デューク'
Duke

収穫期　6月中旬〜下旬

樹勢が強く、果実は貯蔵性に優れる。ほかの品種との受粉の相性もよい。1987年発表。

⑦ 'アーリーブルー'
Earliblue

収穫期　6月上旬〜中旬

東京農工大学府中キャンパスの果樹園で最も早く収穫できる品種。果実は中粒であるが風味がよい。1952年発表。

⑧ 'エチョータ'
Echota

収穫期　6月中旬〜下旬

果実は非常に大きく、完熟するとさわやかな酸味を楽しめる。木は一部の病害（stem canker）に対して抵抗性をもつ。1998年発表。

⑩ 'おおつぶ星'

⑪ 'スパルタン'

⑨ 'ヌイ'
Nui

収穫期　6月下旬～7月上旬

ニュージーランドで育成された品種。樹冠が大きくなるのに少し時間がかかる。果実の風味と貯蔵性に優れる。ハウス内の栽培に向く品種。1987年、米国特許出願。

⑩ 'おおつぶ星'

収穫期　7月上旬～中旬

群馬県で'コリンズ'もしくは'コビル'の自然交雑で作出された品種。果実は非常に大きく、完熟するとさわやかな酸味を楽しめる。早どりした果実は酸味が非常に強いので注意。1998年発表。

⑪ 'スパルタン'
Spartan

収穫期　6月下旬～7月上旬

果実は非常に大きく、風味もよい。土壌適応性が低いため、植えつけ時に土壌改良をしっかりと行う。1977年発表。

⑫ 'ウェイマウス'
Weymouth

収穫期　6月上旬～中旬

'アーリーブルー'とともに早くから収穫できる早生品種。果実は中粒だが甘みがある。樹勢は弱く、コンパクトに楽しめる。1936年発表。

サザンハイブッシュ系

❶ 'ガップトン'

冬が温暖な地域向きのハイブッシュ系

　ノーザンハイブッシュ系からつくられた新しい系統で、ノーザンハイブッシュ系より暑さに強く、樹勢が強い品種が多くあります。冬に−10℃以下になる地域では生育不良になるおそれがあり、関東地方以西での栽培が適しています。冬に低温にあまりあわなくても休眠から覚めます。

　ノーザンハイブッシュ系と同様に、おいしい品種が多くあります。結実はラビットアイ系より早く、早い品種は6月中旬から収穫が始まります。

果実のデータ

1個の果実の重さの目安

● 3.0g以上

● 2.5〜3.0g未満

①'ガップトン'、⑥'オザークブルー'、⑫'サミット'は
同一条件で比較したデータがないのでここには示していない。

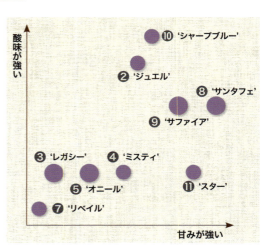

❸ 'レガシー'　　　　　　　　　❷ 'ジュエル'

 'ガップトン'

Gupton

収穫期　6月下旬〜7月上旬

果実は中粒だが風味がよく、完熟しても堅い。樹勢が強く、成長が早いため注目されている品種。2006年発表。

 'レガシー'

Legacy

収穫期　6月下旬〜7月上旬

果実は大きく、食味においてバランスのとれた品種。樹勢は強く、土壌適応性の幅も広い。最もおすすめの品種。1993年発表。

❷ **'ジュエル'**

Jewel

収穫期　6月中旬〜下旬

果実は大きく丸い。豊産性であり、病害（cane cankerおよびstem blight）に対して抵抗性をもつ。1998年、米国特許出願。

❹ **'ミスティ'**

Misty

収穫期　6月下旬〜7月上旬

樹勢も強く豊産だが、果実がつきすぎる傾向があるので、冬の剪定時に花芽を3分の2程度切り落とすとよい。1990年発表。

❺ 'オニール'

❽ 'サンタフェ'

❺ 'オニール'
O'Neal

収穫期　6月中旬〜下旬

サザンハイブッシュ系の基準となっている品種。果実の大きさ、風味、収穫量すべてにおいてバランスのとれた品種。1987年発表。

❻ 'オザークブルー'
Ozarkblue

収穫期　6月中旬〜下旬

果実を多くつけると枝が折れ曲がるため、注意が必要。果実の品質はよく、同じ日に収穫したほかの品種よりも堅く食味が良好。1996年、米国特許出願。

❼ 'リベイル'
Reveille

収穫期　6月下旬〜7月上旬

樹勢が強く、樹冠があまり広がらない直立性の品種。果実は中粒であるが、完熟すると甘く、芳香が強い。1990年発表。

❽ 'サンタフェ'
Santa Fe

収穫期　6月下旬〜7月上旬

ライラックグレー色の美しい果実を収穫することができる。果実の食味はよく、樹勢も強い。1997年、米国特許出願。

Column

ハーフハイブッシュ系

　木が大きくならない系統です。ハイブッシュ系の耐寒性を強め、さらに果実が早く実るという目的で作出されました。木が小さいわりには、果実がたくさんつきます。木が大きくならないため、鉢植えにして、ほかの系統より狭い場所でも栽培できます。耐寒性が強いので、寒冷地に向いた系統です。

'ノースブルー'

❾ 'サファイア'
Sapphire

収穫期　6月下旬〜7月上旬

果実は非常に大きく、風味もよい。木は病害（cane canker）に対して抵抗性をもつ。1998年、米国特許出願。

❿ 'シャープブルー'
Sharpblue

収穫期　6月下旬〜7月上旬

冬が温暖な地域では常緑性になる。フロリダ大学が作出したサザンハイブッシュ系のなかで最も古い品種の一つ。1975年発表。

⓫ 'スター'
Star

収穫期　6月中旬〜下旬

果実の萼片が大きく、星形に見えるのでこの名がついた。果実の食味はよく、樹勢も強い。1995年、米国特許出願。

⓬ 'サミット'
Summit

収穫期　6月下旬〜7月上旬

収穫量は中程度であるが、果実は大きく、完熟すると品種特有の芳香を楽しめる。1998年発表。

ラビットアイ系

丈夫で失敗がなく、初心者向き

　暑さには強いのですが、冬に−10℃以下になる地域では生育が難しいので、冬が温暖な地域に適した系統です。関東地方以西での栽培が適しています。夏の乾燥にも強く、丈夫なため、初心者に向いています。

　生育は旺盛で株が大きく育ち、実もたくさんつきます。果実は枝先でしっかり完熟させてから収穫しましょう。結実はハイブッシュ系より遅く、早いものでも収穫は7月中旬から始まります。果実が熟する途中でピンク色になるので、ラビットアイ（ウサギの目）という名前がつけられたといわれます。

果実のデータ

1個の果実の重さの目安

● 2.5g以上
● 2.0〜2.5g未満
● 2.0g未満

⑥ 'デライト'、⑦ 'フロリダローズ'、⑨ 'オクラッカニー' は同一条件で比較したデータがないのでここには示していない。

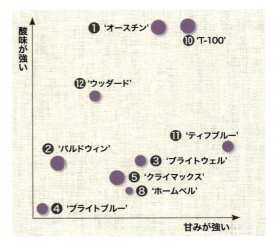

❷ 'バルドウィン'

❹ 'ブライトブルー'

❶ 'オースチン'
Austin

収穫期　7月中旬～下旬

果実の風味、収穫量、樹勢においてバランスのとれた品種であるが、果実の中のタネが大きく、食味に劣る場合がある。1996年発表。

❷ 'バルドウィン'
Baldwin

収穫期　7月下旬～8月中旬

晩生品種。果実の風味はよく、収穫期間を通じて安定した品質を保つ。樹勢が強く、豊産性である。1985年発表。

❸ 'ブライトウェル'
Brightwell

収穫期　7月下旬～8月中旬

晩生品種。果実の風味はよい。樹勢は強いが果実がつきすぎる傾向があるので、冬の剪定時に花芽を半分程度切り落とすとよい。1981年発表。

❹ 'ブライトブルー'
Briteblue

収穫期　7月下旬～8月中旬

樹勢は中ぐらいであり、開張性をもつ。果実は大粒で、樹冠も過度に広がらないため、栽培しやすい品種の一つ。1969年発表。

❼ 'フロリダローズ'

❽ 'ホームベル'

❺ 'クライマックス'
Climax

収穫期　7月中旬～下旬

ほかの品種と比較すると、同じ果房の果実の成熟期がそろいやすい。果実の風味はよい。1974年発表。

❻ 'デライト'
Delite

収穫期　7月下旬～8月中旬

果実は丸く、明るい青色になる。風味はラビットアイ系品種のなかで特によく、完熟するとさわやかな風味と甘みを楽しむことができる。1969年発表。

❼ 'フロリダローズ'
Florida Rose

収穫期　7月下旬～8月中旬

完熟すると果皮はコーラルピンク色になる。酸味が少なく、食べやすい品種。樹勢は強い。2002年、米国特許出願。

❽ 'ホームベル'
Homebell

収穫期　7月下旬～8月中旬

果実は黒色で丸く甘い。樹勢は強い。東京農工大学府中キャンパスの果樹園には、本品種の日本で最古の個体が栽培されている。1955年発表。

⑩ 'T-100'（通称ノビリス）

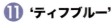

⑪ 'ティフブルー'

⑨ **'オクラッカニー'**
Ochlockonee

収穫期　7月下旬～8月中旬

ラビットアイ系の最大の欠点である、果実の中のタネの多さを克服した品種。果実は大きく食味がよい。樹勢は強い。2003年、米国特許出願。

⑩ **'T-100'（通称ノビリス）**

収穫期　7月下旬～8月中旬

晩生の系統である。樹勢は非常に強く、木は大型化する。果実は大きく食味がよい。

⑪ **'ティフブルー'**
Tifblue

収穫期　7月下旬～8月中旬

ラビットアイ系の基準となっている品種。果実の大きさ、風味、収穫量においてバランスがとれている品種。1955年発表。

⑫ **'ウッダード'**
Woodard

収穫期　7月中旬～下旬

早生品種。完熟すると果実の甘み、酸味のバランスのとれた品種。未熟なものは酸味が強いため、収穫時期に注意。1960年発表。

栽培を始めるときには

品種の選び方

栽培地の気候で系統を選ぶ

　購入するときは、栽培する場所の気候条件をよく確認してから系統と品種を決めます。ノーザンハイブッシュ系は夏が冷涼な地域、サザンハイブッシュ系やラビットアイ系は冬が温暖な地域向きです。

品種の特徴をよく調べて

　ブルーベリーには多くの品種があり、さらに毎年のように新品種が発表されています。品種の選択は栽培者にとって悩ましくも楽しい問題です。カタログデータなどを参考にして、品種の特徴を理解してから購入します。

　例えば、お盆休みに収穫を楽しみたい場合はハイブッシュ系よりもラビットアイ系を、さわやかな風味のジャムをつくりたい場合は、酸味の強い品種を選ぶとよいでしょう。

2つの品種を一緒に栽培

タネが多い果実ほど大きい

　ブルーベリーは、同一品種の花粉で受粉する「自家受粉」と、異なる品種の花粉で受粉する「他家受粉」によって受精し、結実します。果実の中にはタネがあり、大きくて発芽能力のあるタネが多いほど、果実は大きくなります。そのようなタネは他家受粉したほうが多くなることが知られています。

　また、ハイブッシュ系とラビットアイ系のように異なる系統の間では、品種の組み合わせにより、うまく結実しない可能性があります。

庭植え
大きく育ったラビットアイ系。

鉢植え
鉢植えでも十分収穫を楽しめる。テラコッタ鉢は用土が乾きやすいので水切れに注意。

同じ系統の 2 品種以上を

そのため、実つきをよくするには、同じ系統のなかから 2 品種以上を選んで、栽培する必要があります。

場所が狭くて 1 株しか栽培できなくても果実はつきますが、結実が悪い場合はもう 1 品種を買い足しましょう。

苗の購入

寒い時期に 2 年生以上の苗を

最近では苗を一年中購入できますが、ブルーベリーを専門に取り扱う種苗会社の多くは、秋から春に販売しています。春にさし木繁殖したものが年内に販売されていることもありますが、初心者はなるべく、さし木後 2 年以上経過した大きな苗を選ぶことをおすすめします。

よい苗の条件

根張りがしっかりしているもの、樹勢の強い枝が発生しているものがよい苗です。ついている花芽の数は気にしなくても大丈夫です。もし、果実がついている苗を欲しくなったら、実つきが少ないものを選びます。多く果実をつけた苗は、そのぶん消耗していて、弱っている可能性があるからです。

苗の養成

植えつけは適期を待つ

購入した苗は、鉢替え、鉢増しの適期である 11 月、もしくは翌年の 3 月までそのままの状態で管理します。適期がきたら一〜二回り大きい鉢に植え替えます。

庭植えは鉢で栽培してから

庭植えにする場合、購入直後の小さな苗を植えつけると、雑草に負けたり、乾燥によって枯れてしまうことが多くあります。1〜2 年間は鉢で栽培し、苗を養成してから植えつけるとよいでしょう。なお、庭に植えるときは、秋に土壌酸度の測定（75 ページ）、植えつけの 1 か月前に植え穴の準備（44 ページ参照）をしておきます。

ブルーベリー栽培に適した用土と鉢

ブルーベリーに適した用土

　ブルーベリーは酸性土で健全に成長します。pHはハイブッシュ系で4.5前後、ラビットアイ系で5.0前後とされています。さらに有機物が豊富で、排水性と保水性に優れる土壌でよく成長します。用土は鉢植えだけでなく、庭植えでも使用します。市販のブルーベリー用の培養土も利用できます。

ブルーベリー栽培でよく使われる資材

酸度未調整のピートモス
酸度調整済みの製品もあるので、未調整であることを購入時に確認する。

 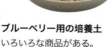

鹿沼土
小粒〜中粒のものを使う。

ブルーベリー用の培養土
いろいろな商品がある。

適した鉢

　鉢は用土が乾きにくいプラスチックの鉢が適していますが、より乾燥しやすい駄温鉢やテラコッタでも水切れに注意すれば栽培できます。大きさは8号以上の深めの鉢が必要です。

用土のつくり方

　酸度未調整のピートモスと鹿沼土をよく混ぜ合わせ、水を加えながらさらに混ぜ合わせます。用土を軽く握ったときに水が滴り落ちる程度になったら完成です。用土に水がなじむまで数日間静かに置いておきます。

鹿沼土とピートモスを配合する割合

体積でピートモス1に対し、鹿沼土1〜3分の1の割合で混ぜる。

吸水させた用土
酸度未調整のピートモスと鹿沼土を配合してある。

12か月
栽培ナビ

主な作業・管理を
月ごとにわかりやすくまとめました。
健康に育てて、
最高の果実を収穫しましょう。

ブルーベリー栽培の最大の楽しみはやはり収穫。6〜8月、果梗周辺の果皮が完全に濃青色になったら完熟のしるし。

Blueberry

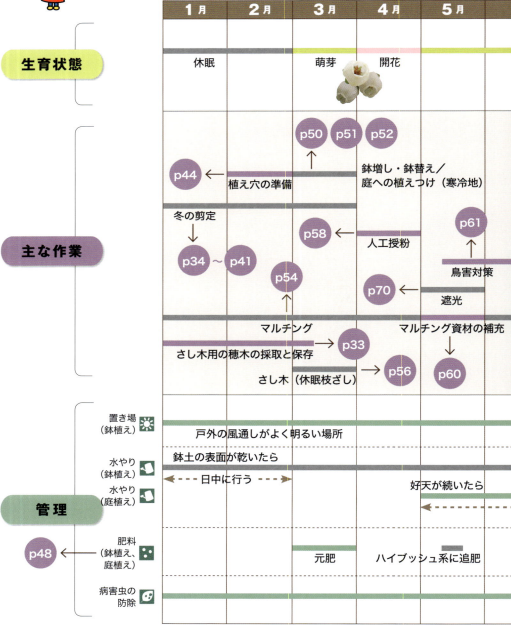

関東地方以西基準

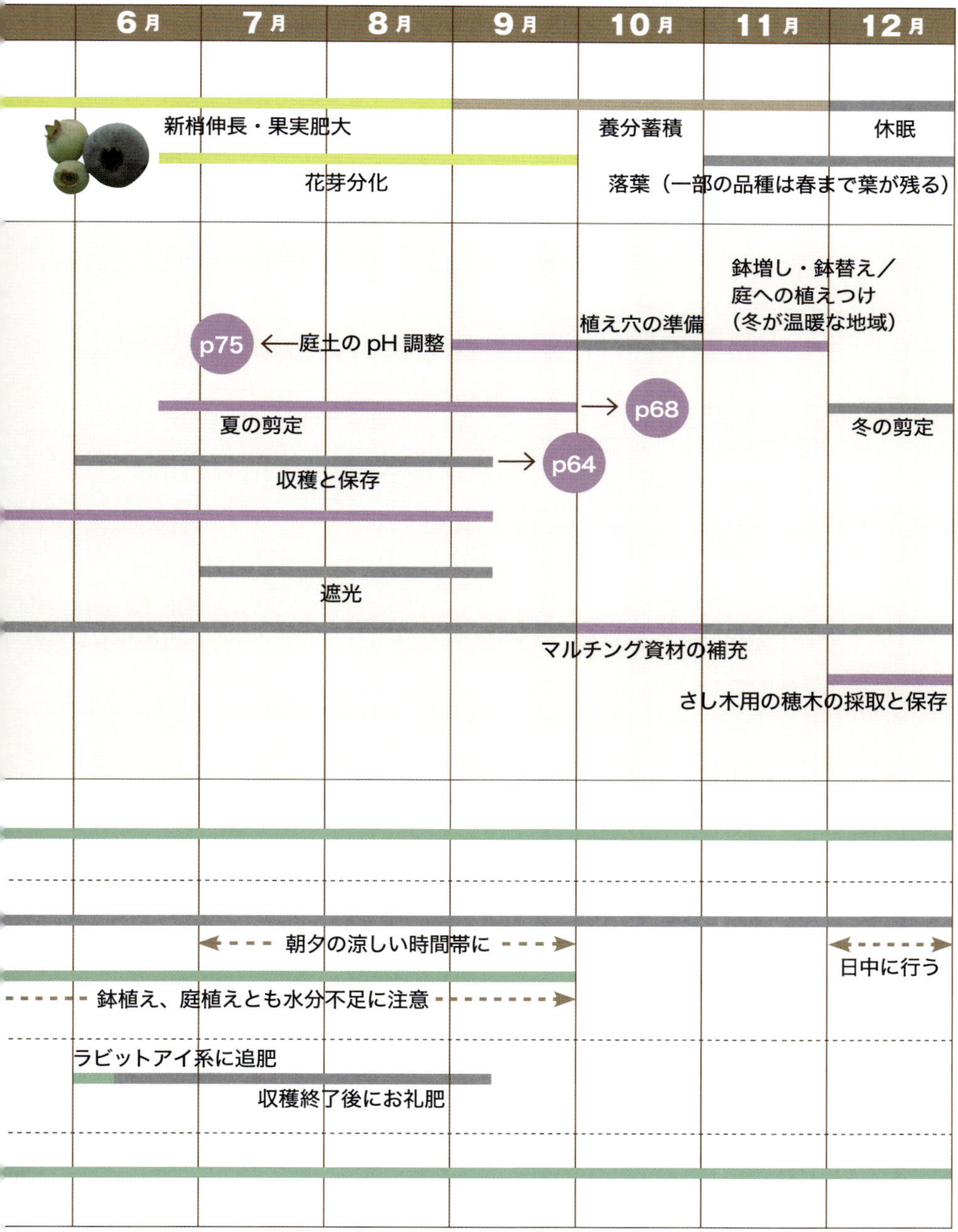

	6月	7月	8月	9月	10月	11月	12月

- 新梢伸長・果実肥大 ／ 養分蓄積 ／ 休眠
- 花芽分化
- 落葉（一部の品種は春まで葉が残る）
- 植え穴の準備 → 鉢増し・鉢替え／庭への植えつけ（冬が温暖な地域）
- p75 ←庭土のpH調整
- 夏の剪定 → p68
- 収穫と保存 → p64
- 冬の剪定
- 遮光
- マルチング資材の補充
- さし木用の穂木の採取と保存
- ◀---朝夕の涼しい時間帯に---▶　　◀---日中に行う---▶
- ---鉢植え、庭植えとも水分不足に注意---
- ラビットアイ系に追肥
- 収穫終了後にお礼肥

31

January
1月

今月の主な作業

- 基本 冬の剪定（12〜3月）
- トライ さし木用の穂木の採取と保存（12月〜3月上旬）

基本 基本の作業
トライ 中級・上級者向けの作業

1月のブルーベリー

厳しい寒さが続くこの時期、ブルーベリーは休眠状態にあり、葉芽・花芽ともに堅く閉じています。

冬は剪定の適期です。剪定は、木の成長を調節するとともに、次の夏の収穫期における着果量や果実の品質に非常に大きな影響を及ぼします。枝の伸び方や果実のつき方をしっかり理解してから剪定しましょう。

寒さとともに葉がすっかり落ちると、花芽、葉芽、枝のつき方がよくわかる。

主な作業

基本 冬の剪定

品質の高い果実を収穫するために行う

剪定をする最大の目的は、大きくておいしい果実を持続的に実らせる木をつくることです。毎年よい果実を収穫するには、枝葉を伸長させる「栄養成長」と、果実をつける「生殖成長」のバランスをよくすることが大切です。そのバランスを整えるのが剪定です。

剪定によって樹勢が適切に管理されると、太陽光が樹冠の内部にまでさし込み、翌年の花芽がふえます。さらに、剪定により花芽の数を減らすことで、残された花芽からつくられる果実の品質が向上し、乾燥ストレス（63ページ参照）にも耐えるようになります。

冬の剪定は毎年行います。実際の方法は34〜41ページを見てください。

トライ さし木用の穂木の採取と保存

休眠枝ざし用の穂木をとる

休眠枝ざしは、休眠中の枝を使うさし木の方法です。穂木は剪定前に採取するとよいでしょう。穂木は3月（56ページ）まで冷蔵庫で保存します。

今月の管理

- ☀ 戸外の明るく風通しがよい場所
- 💧 鉢植えは鉢土の表面が乾いたら日中に、庭植えは不要
- ▦ 不要
- 🐛 枝や幹についている害虫を探す

管理

🪴 鉢植えの場合

☀ 置き場：風通しがよく明るい場所

降霜が予想される場合は、鉢を軒下など屋根のある場所に移動させます。

💧 水やり：日中に行う

鉢土の表面が乾いたら、鉢底から流れ出るまでたっぷりと水を与えます。月1～2回が目安です。気温が低い朝夕に水やりをすると、鉢土の凍結を招くおそれがあるので避けます。

▦ 肥料：不要

🌱 庭植えの場合

💧 水やり：不要
▦ 肥料：不要

🪴🌱 病害虫の防除

マイマイガの卵塊、イラガ類の繭、ミノムシなど

枝で害虫が越冬しています（43ページ参照）。見つけしだい捕殺しましょう。落ち葉は病原菌や害虫の温床になるので、掃除して庭の外で処分します。

トライ 穂木の採取と保存

適期＝12月～3月上旬

1

穂木を採取する
よく充実し、病害虫の被害を受けていない前年枝を切る。特にラビットアイ系の徒長枝は穂木として好適。

2

穂木を切り分ける
枝先の鉛筆より細い部分と、枝から伸びた小枝は落とし、長さ35cmに切り分ける。

3

冷蔵庫で保存
乾燥を防ぐために厚手のビニール袋に入れて密閉し、冷蔵庫内で保存する。ビニール袋や紙に品種名を書いておく。

基本 冬の剪定（芽と枝の話）　適期＝12〜3月　｜　芽と枝について知っておこう。

芽の種類

枝先には丸みを帯びた「花芽」、その下には細い「葉芽」がついています。

花芽

花芽が萌芽すると、春に花が咲き、夏に果実がつきます。

葉芽

葉芽は新しい枝（新梢）を伸ばす枝です。新梢には夏がきても果実はつきませんが、秋に花芽をつけ、次の夏に果実をつけます。

葉芽の萌芽（4月）

新梢（夏）

花芽の萌芽（3月）

開花（4月）

結実（6〜8月、品種によって異なる）。

結果枝

葉芽と花芽の成長

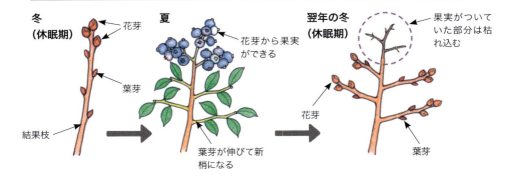

冬（休眠期）：花芽／葉芽／結果枝
夏：花芽から果実ができる／葉芽が伸びて新梢になる
翌年の冬（休眠期）：花芽／葉芽／果実がついていた部分は枯れ込む

枝の種類

ブルーベリーにはたくさんの枝がついています。「結果枝」「結果母枝」「主軸枝」「サッカー」という名前を覚えましょう。

結果枝：果実を結ぶ（つける）枝

前の春以降に葉芽から発生した枝です。結果枝の先端に花芽がついており、翌年果実となります。「シュート」とも呼ばれます。

結果母枝：結果枝が出るもとの枝

結果枝が翌年に結果母枝になります。

3年生のブルーベリー
冬の剪定後。写真ではわかりやすい部分だけ示した。

結果枝
結果枝
結果母枝
結果枝
結果枝
結果母枝
結果枝
結果母枝

樹勢の強い結果枝を切り返し剪定したもの。将来の主軸枝にする（37ページ参照）

樹齢数年のブルーベリー

主軸枝：木の骨格をつくる枝

結果枝や結果母枝が成長し、太くなったものを「主軸枝」と呼んでいます。主軸枝から結果枝が直接発生することもあります。その場合は、その主軸枝が結果母枝となります。

サッカー：地際から伸びる新しい枝

何年かたつと地際から伸びてきます。吸枝とも呼ばれます。樹勢の強いサッカーは将来果実をつける主軸枝に育てます。

基本 冬の剪定（剪定の種類）

適期＝12〜3月

間引き剪定と切り返し剪定があり、切り方が違う。

間引き剪定

枝のつけ根から切って枝を取り除く

　間引き剪定は枝を基部から切り落とす方法です。間引き剪定を行うと、樹冠の内部まで日光が届くようになり、残った枝の花芽や葉芽が充実します。

間引き剪定で切る枝
- **不要な枝**
（折れ枝、枯れ枝、病気の被害を受けた枝、爪楊枝より細い枝）
- **勢いはあるけれど邪魔な枝**
（内側に向かって伸びた枝、株の中心にあって伸びると陰をつくる枝、ほかの枝と重なっている枝）
- **5年以上経過した主軸枝**
- **勢いの弱いサッカー**

切り返し剪定

枝の長さの半分くらいで切り、結果母枝をつくる

　樹勢が強く長く伸びた結果枝につく芽はほとんどが葉芽です。半分を目安に枝を切り返すと、春以降、その枝から複数の新梢が発生して先端部分に花芽がつきます。切り返した枝には次の夏には果実はつきません。しかし、切り返した枝が翌年には結果母枝となり、結果枝がふえるので、その枝から収穫できる果実の量がふえます。

　新たに配置した結果母枝より先端部分の樹勢が弱っていた場合は、間引き剪定をするとよいでしょう（41ページの中央右写真の例2参照）。

間引き剪定の切り方
切り残しがないように枝のつけ根から切る。

切り返し剪定の切り方
枝の半分くらいにある外芽の上で切る。断面が最小になるように、枝に対して垂直に切る。

基本 冬の剪定（花芽数の調整、主軸枝の更新） 適期＝12～3月

花芽の数を減らす

　冬の剪定時に、結果枝についた花芽の数を減らすと、大きくて味がよい高品質の果実が実ります。

　結果枝に4芽以上の花芽がついている場合は半分を目安に切り取ります。1つの花芽に含まれる花の数は品種により異なりますが、10個程度と報告されているので、花芽数を半分にしても相当量の収穫が可能です。

芽の剪定
花芽を半分程度切り落とす。

剪定後

主軸枝の更新

　経年とともに主軸枝の先端部にある結果枝の樹勢や、そこにつく果実の品質は低下します。その際は、その主軸枝を切り返して更新します。主軸枝は5年を目安に更新するとよいでしょう。主軸枝から更新用の結果枝が発生しなくなったときは、主軸枝を地際部から切り取ります。

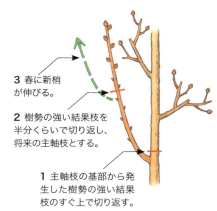

3 春に新梢が伸びる。
2 樹勢の強い結果枝を半分くらいで切り返し、将来の主軸枝とする。
1 主軸枝の基部から発生した樹勢の強い結果枝のすぐ上で切り返す。

古くなった枝の間引き剪定
樹勢が低下した結果枝や結果母枝、主軸枝は基部から切り取る。

基本 冬の剪定（木の年齢による違い）

適期＝12〜3月

2年生の苗を秋に購入して栽培しているケースで説明します。
間引き剪定と切り返し剪定については36ページを参照してください。

2年生苗の剪定

よい果実を多くつける樹勢の強い木に育てるため、花芽をすべて切り落とします。ほかは枯れた枝や細くて弱い枝を取り除く程度にとどめます。まだ小さくて葉が少ない木に結実させると、枝葉の伸長が抑制されて樹勢が弱まり、果実の品質も収穫量も低い木になってしまいます。そのため、まず着果負担に負けない木に育てるのです。

なお、庭で栽培する場合、購入した2年生苗は次の秋（寒冷地ではその翌年の3月）まで鉢植えで栽培し、苗を養成してから庭に植えつけます。

3〜4年生の剪定

鉢植えの場合

株全体の樹勢が強い場合、次の夏に結実可能です。鉢植えは3本の主軸枝を目安として株を養成します。切る枝と剪定の手順は右の絵の①〜③です。

庭植えの場合

庭に定植したあとは花芽をすべて切り落とし、木の成長を促します。植えつけから2年目の間引き剪定や切り返し剪定は鉢植えの場合と同じです。3年生の苗を庭に植えた場合、植えつけ2年目で3本、3年目で6本を目安に主軸枝を養成します。

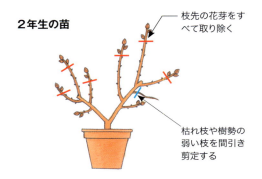

2年生の苗
- 枝先の花芽をすべて取り除く
- 枯れ枝や樹勢の弱い枝を間引き剪定する

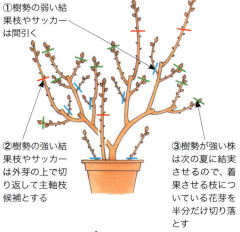

3年生の苗（鉢植え）
- ①樹勢の弱い結果枝やサッカーは間引く
- ②樹勢の強い結果枝やサッカーは外芽の上で切り返して主軸枝候補とする
- ③樹勢が強い株は次の夏に結実させるので、着果させる枝についている花芽を半分だけ切り落とす

3年生の苗（庭に定植の前後）
- 鉢植えと同様に剪定するが、花芽はすべて切り落とす

基本 基本の作業　トライ 中級・上級者向けの作業

幼い苗には結実させない。樹勢が強ければ庭植えで植えつけ1年後、鉢植えで3年生以降から結実させる剪定に変える。

5年生以降の庭植えの剪定

　庭に植えつけてから2～3年たつと枝が多く、細かい枝から剪定すると大変です。先に株を構成する主軸枝から整えていくとよいでしょう。
①系統や品種によって異なりますが、ブルーベリーの株は10本程度の主軸枝から構成するのが適切なので、余分な主軸枝やサッカーは基部から間引き剪定をします。5年以上実をつけて樹勢が低下した枝は更新します（37ページ参照）。
②次に、枯れ枝や病害虫の被害を受けた枝、樹勢の弱い細い枝、木の中心に向かって伸びる枝（逆行枝）を間引き剪定で取り除きます。
③主軸枝から樹冠の内側に向かって徒長枝が出ているときは、その枝を間引き剪定で取り除きます。その際、枝の基部を切り残さないように注意します。
④果実がついていた枝の先端部分の枯れ込みも切り取ります。
⑤樹冠の上のほうにある樹勢の強い結果枝を切り返して将来の結果母枝としたり（36ページ参照）、サッカーや地面近くから伸びている勢いのよい結果枝を、将来の主軸枝にしたりするために切り返します。
⑥残した結果枝の花芽の数を半分程度切り落とします。
　下の写真で、どのくらい剪定するのかイメージをつかみましょう。

剪定前

剪定後

基本 冬の剪定（鉢植えの剪定の手順）

適期＝12〜3月

ブルーベリーは、少々切り方を間違えても、枝がまた伸びてきます。思いきって切りましょう。

剪定前

剪定後

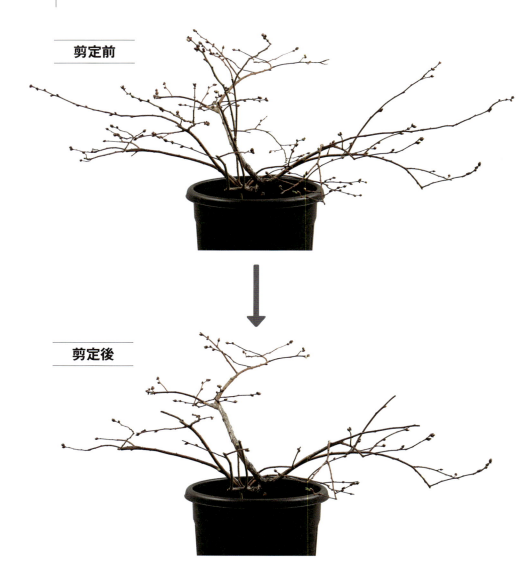

まず不要な枝を切り、次に来年の結果母枝をつくり、
花芽数を調整をする。

① 不要な枝を切る

果実をつけていた部分は枯れ込んでいる

細くて弱い枝を間引く
爪楊枝より細くて花芽が少ない結果枝を間引き剪定で取り除く。写真は切り落とした枝。

果実をつけた枝の切り返し
果実をつけた枝は、外側を向いた芽の上で切り返す。写真は切り落とした枝。

そのほか、36ページの間引き剪定で切る枝もあれば、枝のつけ根から切り落とす。

② 来年の結果母枝にする結果枝を切り返し、花芽の数を調整する

結果母枝づくりと花芽の切り方：例1
長い結果枝を切り返したあと、周囲の短い結果枝（→）も間引き剪定をして花芽数を減らす。

結果母枝づくりと花芽の切り方：例2
長い結果枝を切り返したあと、その周囲の結果枝はすべて残して花芽も落とさない。

翌年の冬の剪定ではここで切る

サッカーの切り返し
勢いのよいサッカー（地際から出た枝）は切り返し、将来の主軸枝とする。

サッカー

最終的な花芽の調整
株全体を見直して、次の夏に果実を実らせたい結果枝を残し、それ以外の結果枝は間引く。残した結果枝の花芽を半分切り落とす。

花芽を半分落とす

February
2月

基本 基本の作業
トライ 中級・上級者向けの作業

今月の主な作業

- 基本 冬の剪定（12〜3月）
- 基本 植え穴の準備（庭植え）
- トライ さし木用の穂木の採取と保存（12月〜3月上旬）

2月のブルーベリー

1月中旬から2月上旬までは、1年の中で最も気温が低くなる時期です。耐寒性に優れるノーザンハイブッシュ系は−30℃くらいまでの低温に耐えられることが報告されています。もともと冬が温暖な地域に自生していたラビットアイ系は耐寒性が劣るため、系統や品種を選ぶときは、この時期の気温を考慮します。

庭に植えつける場合は、1か月前の今月までに植え穴を準備しておきます。

早いものは花芽がふくらんでくる。写真はサザンハイブッシュ系。

主な作業

基本 冬の剪定
1月に準じます（34〜41ページ参照）。

基本 植え穴の準備
寒冷地で庭に苗を植えつける場合

ブルーベリーは酸性土壌で健全に成長します。成長に適したpHは、ハイブッシュ系で4.5前後、ラビットアイ系で5.0前後とされています。日本でブルーベリーを植える場合、多くの地域で土壌改良が必要になります。

植え穴の準備は土壌改良の一環です。植え穴に入れた酸度未調整のピートモスが土になじむように、植えつけの1か月前までに準備しておきます。植え穴の大きさは、縦80cm、横80cm、深さ40cm程度とします。株間はハイブッシュ系で1.5m程度、ラビットアイ系で最低2mとります。

実際の作業は44ページを参照してください。

なお、前年の秋に土壌酸度を調べておきましょう（75ページ参照）。

トライ さし木用の穂木の採取と保存
1月に準じます（33ページ参照）。

今月の管理

- ❄ 戸外の明るく風通しがよい場所
- 💧 鉢植えは鉢土の表面が乾いたら日中に、庭植えは不要
- ⚄ 不要
- 🐛 枝や幹についている害虫を探す

管理

🪴 鉢植えの場合

❄ 置き場：風通しがよく明るい場所

霜の発生が予想される場合は、鉢を軒下など屋根のあるところに移動させて霜害を防ぎます。

💧 水やり：日中に行う

鉢土の表面が乾いたら、鉢底から流れ出るまでたっぷりと水を与えます。月1〜2回が目安です。気温が低い朝夕に水やりをすると、鉢土の凍結を招くおそれがあるので避けます。

⚄ 肥料：不要

🏠 庭植えの場合

- 💧 水やり：不要
- ⚄ 肥料：不要

🪴🏠 病害虫の防除

マイマイガの卵塊、イラガ類の繭、ミノムシなど

多くの品種はこの時期、完全に落葉しており、枝や幹で越冬している害虫を発見しやすくなります。見つけしだい捕殺しましょう。落ち葉は病原菌や害虫の温床になるので、掃除して庭の外で処分します。

冬に見つけやすい害虫

マイマイガの卵塊（植物はハナミズキ）。

ヒロヘリアオイラガの繭。

越冬中のミノムシ。

基本 植え穴の準備

適期＝10月、2月（寒冷地）

酸度未調整のピートモスを使う。

作業の前に知っておきたい基本の知識

準備する時期
植え穴は、植えつけの1か月前までに準備しますが、3月に植えつける寒冷地の場合、秋に準備しても問題ありません。

植え穴の大きさは
縦80cm、横80cm、深さ40cm、ピートモスの量は100ℓ
ブルーベリーは植え穴の中に根を張るので、穴はある程度の大きさが必要です。植え穴の縦横のサイズは、根鉢の直径の2倍以上とします。深さも根鉢の高さの2倍以上確保しましょう。

植え穴の大きさは、縦80cm、横80cm、深さ40cmとします。この場合、酸度未調整のピートモスを100ℓ用意します。こうすると、元の土に対して3分の1強のピートモスが入ることになります。ピートモスは最初によく吸水させておきます。

植え穴が小さい場合
これより小さな植え穴しか準備できない場合は、ピートモスの量をふやします。掘り上げた土の体積に対し、等量から半分量のピートモスを混ぜて、穴を埋め戻せばよいでしょう。この場合も、植えつけ前にピートモスはよく吸水させておきます。

穴を掘る
縦80cm、横80cm、深さ40cmの穴を掘る。掘り上げた土は、埋め戻すときに使うので、横に置いておく。

穴に用土を入れる
よく湿らせた酸度未調整のピートモスと掘り上げた土を混ぜながら、穴に入れる。用意したピートモスはすべて使いきる。

穴を完全に埋めたら完了
株を植えつけるまで、1か月以上、このままの状態にしておく。

ブルーベリーはなぜ酸性土壌で育つのか

**酸性土壌は
一般の栽培植物に向かない**

　ブルーベリーをはじめとするツツジ科の果樹は、自然界では、有機物に富んだ酸性土壌に多く自生しています。そのため、庭植えや鉢植えでも、酸度未調整のピートモスや鹿沼土といった酸性が強い土を用います。

　しかし、酸性土壌では慢性的にリンが欠乏しており、さらに土壌に溶け出してきたアルミニウムが根に障害を与えるため、一般的な栽培植物は生存することが非常に困難です。

　それではなぜ、ツツジ科果樹は酸性土壌で生存することが可能なのでしょうか?

**根に共生する
エリコイド菌根菌**

　その答えの一つとして、エリコイド菌根菌の存在があげられます。エリコイド菌根菌はカビやキノコの仲間であり、ツツジ科の果樹の細根に共生しています。共生とは、複数の種類の生物が相互関係をもちながら同じ場所に生息している状態のことです。

　エリコイド菌根菌は、ツツジ科の果樹が光合成でつくった産物を受け取る代わりに、ツツジ科の果樹が土壌から直接吸収できないリンを分解して供給したり、アルミニウムの吸収を抑制したりする働きをしています。

**鉢植えや庭植えの
ブルーベリーにも共生**

　自然界において、ツツジ科の果樹とエリコイド菌根菌の共生関係は広い範囲で確認されています。

　鉢植えや庭植えで栽培している場合でも、ブルーベリーの根には必ずといっていいほど、エリコイド菌根菌が共生しています。興味深いのは、この共生関係が自然に成立していることです。さし木でふやしたブルーベリーでも、特別なことをしていないのに、さし木から1年以内にこの共生関係がスタートするのです。

　さまざまな種類のカビやキノコがエリコイド菌根菌に分類されていますが、その働きはカビやキノコの種類により異なります。最近ではエリコイド菌根菌がもつ優れた働きを解析し、これらをバイオ肥料として利用する試みもなされています。

ブルーベリーの細根の顕微鏡写真。青く染まっているのがエリコイド菌根菌の菌糸。菌糸が根の細胞内に入り込んでいることがわかる。

T.Ban

March
3月

基本 基本の作業
トライ 中級・上級者向けの作業

今月の主な作業

- 基本 冬の剪定（12〜3月）
- 基本 鉢増し、鉢替え
- 基本 庭への植えつけ（寒冷地）
- トライ さし木（休眠枝ざし）

3月のブルーベリー

ブルーベリーは気温の上昇とともに休眠から覚め、花芽や葉芽の萌芽が始まります。

萌芽までに剪定作業を終え、元肥を施しておきます。3月は苗の植えつけや、鉢の植え替えをする適期です。庭に新たに苗木を定植する場合、前年の秋に土壌のpHを調べ、土壌改良をしておきます。今月は、前年に伸びた枝を利用する休眠枝ざしの適期でもあります。

萌芽し始めた'ウッダード'の花芽（ラビットアイ系）。

主な作業

基本 冬の剪定
1月に準じます（34〜41ページ参照）。

基本 鉢増し、鉢替え
植え替えは毎年行うとよい

「鉢増し」は一回り大きい鉢に植え替えること、「鉢替え」は同じ大きさの鉢に植え替えることです。3月のほか、11月にも行えます。冬の植え替えは、低温により根が障害を受けるおそれがあるため、避けましょう。

鉢の用土に使われているピートモスは次第に分解していくので、株の成長度合いにもよりますが、毎年植え替えるとよいでしょう。用土は新しいものを用います。実際の作業は50〜51ページを参照してください。

植え替えの前後に剪定をします（34〜41ページ参照）。1〜2年生の苗は株を早く大きくするために、花芽を全部落とします。

基本 庭への植えつけ
土壌改良をした植え穴に植えつける

寒冷地では3月を目安に庭に植えつけます（52〜55ページ参照）。低温に

今月の管理

- ☀ 戸外の明るく風通しがよい場所
- 💧 鉢植えは鉢土の表面が乾いたら、庭植えは不要
- 🌱 鉢植え、庭植えとも施す
- 🐛 枝や幹についている害虫を探す

より根が障害を受けるおそれがあるため、冬の植えつけは避けましょう。なお、冬が温暖な地域では11月に植えつけます。

庭に植えつけるときは、前の秋に植え場所の土壌酸度を測定し（75ページ参照）、アルカリ性が強い場合は土壌改良をしておきます。次に、植えつけの1か月前までに植え穴を準備しておきます（44ページ参照）。

庭に植えつけた場合、成長を促すために花芽を剪定してすべて落とすので、今シーズンの収穫は望めません。

トライ さし木

「休眠枝ざし」を行う

一般的に、ブルーベリーをふやすには、さし木が行われます。さし木でふやした個体は、親と同じ形質をもつため、親と同じ果実を楽しめます。

さし木には、前年に伸びた枝を利用する「休眠枝ざし」と、その年に伸びた枝を使って6月下旬～7月上旬に行う「緑枝ざし（88ページ参照）」があります。今月は休眠枝ざしの適期です。休眠枝ざしの方法は56ページを参照してください。

管理

🪴 鉢植えの場合

☀ **置き場：風通しがよく明るい場所**

💧 **水やり：鉢土の表面が乾いたら**

鉢底から流れ出るまでたっぷりと水を与えます。5日に1回が目安です。

🌱 **肥料：萌芽前に施す**

萌芽後の生育を促すため、緩効性の専用肥料や、油かす主体の有機質肥料（N-P-K＝4-6-2など）を元肥として施します（48～49ページ参照）。

🌿 庭植えの場合

💧 **水やり：不要**

🌱 **肥料：萌芽前に施す**

鉢植えと同様の肥料を施します。

🪴🌿 病害虫の防除

マイマイガの卵塊、イラガ類の繭、ミノムシなど

2月に準じます（43ページ参照）。

施肥

適期＝3月、5月中旬（ハイブッシュ系）、6月上旬（ラビットアイ系）、収穫終了後

使用する肥料の種類

ブルーベリーは酸性土壌を好むため、肥料自体が酸性のものか、植物に肥料成分が吸収されたあとの副産物が酸性のものを施す必要があります。

有機質肥料は油かす主体のものが利用できます。これらは養分を供給するだけでなく、土壌の物理性も改善します。また、ブルーベリー専用の肥料も市販されています。説明書に書かれた施肥量を守りましょう。堆肥や、家畜ふんからつくったきゅう肥は、アルカリ性を示す場合があるので控えます。

油かす

有機物が含まれた専用肥料

専用の化成肥料

自家製の速効性化学肥料

硫酸アンモニウム 4、過リン酸石灰 3、硫酸カリウム 1 を混ぜると専用肥料ができる。8 号程度の鉢で小さじ 1 杯くらいまく。これらはホームセンターや 100 円ショップなどで売られている。

施し方

庭植えの施肥
規定量の肥料を、樹冠の下にドーナッツ状にまく。マルチング資材の上から施用してもよい。肥料をまいたら表面を軽く耕しておく。

鉢植えの施肥
規定量の肥料をドーナッツ状にまく。そのあとはこのままで大丈夫。

施肥をする時期と量

植えつけ後の施肥

鉢で養成して3年生になった苗を庭に植えつけた場合の1年間の施肥の方法は以下のとおりです。鉢植えでは2年生苗の場合です。

1回目 秋植えでは翌年の萌芽直前、春植えでは植えつけ6週間後に、油かすなどの緩効性の肥料を施します。

2～3回目 その後は6週間間隔で速効性の化成肥料を2回施します。

結実させる場合の施肥

1回目（元肥） 萌芽直前の3月に元肥を施します。油かすなどの緩効性の肥料を利用します。

2回目（追肥） ハイブッシュ系には5月中旬、ラビットアイ系には6月上旬に施します。新梢の伸長や果実肥大を促進することが目的なので、速効性の化成肥料を利用します。

3回目（追肥） 収穫終了後にお礼肥を施します。結実によって弱った樹勢を速やかに回復させる目的なので、速効性の化成肥料を利用します。

施肥の時期が遅れると枝を徒長させることがあります。徒長した枝は耐寒性に劣り、冬に枯れ込む場合があるので注意します。

施す量

樹齢を重ねるごとに施肥量はふえていきます。系統や品種、栽培条件により施肥量は変化しますが、下の表が目安です。そのうえで、葉色や樹勢をよく観察して施肥量を調整します。

鉢植えの場合は根が伸びる範囲が限定されており、肥料の効き目がダイレクトにあらわれるので、庭植えの3分の1量を目安にします。専用肥料は袋などに書かれた使用量を守ります。

3年生苗を庭に植えた場合の施肥量の目安

元肥は油かすの量、追肥はN-P-K＝10-10-10の場合で計算した化成肥料の量を示す。鉢植えの場合の量はこの3分の1を目安とする。

＊1：ハイブッシュ系では5月中旬、ラビットアイ系では6月上旬。

秋植えからの経過年数	元肥（萌芽直前）	1回目の追肥（元肥から6週間後）	2回目の追肥（さらに6週間後）
翌年	60g	30g	30g

秋植えからの経過年数	元肥（萌芽直前）	2回目の追肥＊1	3回目の追肥（収穫終了後）
2年目	100g	50g	50g
3年目	140g	70g	70g
4年目	180g	90g	90g
5年目	200g	100g	100g
6年目	220g	110g	110g
7年目以上	240g	120g	120g

オレゴン州立大学ほかの栽培データをもとに算出。

基本 鉢増し

適期＝3月、11月

購入した苗や、成長した株を一〜二回り大きい鉢に植えつける。

用意するもの

用土
・酸度未調整のピートモスと鹿沼土の配合土（28ページ参照）、または、市販のブルーベリー専用の培養土

一〜二回り大きい鉢

鉢植え

① 根鉢の側面を切り落とす
株を鉢から抜く。根鉢が硬くなっている場合は、根鉢の両側面をノコギリで少し切り落とす。

② 植えつける
鉢底に用土を入れ、深植えにならないように高さを調節する。次に根鉢の周囲に用土を詰め込む。鉢底石は入れなくてもよい。

③ 植えつけ完了
品種名のラベルを立てる。

④ たっぷりと水を与える
やさしい水流で、鉢底から流れ出るまで水を与える。

基本 鉢替え

適期＝3月、11月

鉢や株をあまり大きくしたくない場合は、根鉢を3分の1ほど切り落とし、同じ大きさの鉢に植え替える。

用意するもの
・植え替える株 　・50ページと同じ用土 　・鉢（元の鉢でよい）

1 根鉢の側面を切る

株を鉢から引き抜き、根鉢の両側をノコギリで切る。切る量は、それぞれ根鉢の直径の6分の1ほど。

反対側も切る

4 用土を入れる

鉢底に用土を入れて株を据え、根鉢の周囲に用土を入れる。深植えにならないように注意する。

2 根鉢の上下を軽くほぐす

根鉢の肩と底の部分も軽くほぐす。

5 用土を詰める

鉢を少し持ち上げて何回か軽く床に打ちつけると用土が沈むので、用土を足す。

3 整理した根鉢

6 たっぷりと水を与える

品種名のラベルを立てると完了。やさしい水流で、鉢底から流れ出るまで水を与える。

基本 庭への植えつけ（1）

適期＝3月（寒冷地）、11月（冬が温暖な地域）

準備した植え穴（44ページ）の中心に植えつける。

作業の前に知っておきたい基本の知識

植えつけからマルチングまで

1か月前までに準備した植え穴（44ページ）の中心に穴を掘り、根鉢を軽くほぐしてから、深植えにならないように植えつけます。根鉢の周囲に用土をすき間なく入れ込むと、苗の活着がよくなります。元肥は施しません。

植えつけ後、水鉢をつくって十分に水を与え、支柱を立て、マルチングをしておきます。最後に軽く剪定します。

植え穴が小さい場合は、掘り上げた土を使わず、用土だけで植えつけるとよいでしょう。

用意するもの

❶ 苗（写真は3年生の株）
❷ 用土（28ページの酸度未調整のピートモスと鹿沼土を配合した用土か、市販のブルーベリー専用の培養土）。大きなバケツ1杯分程度の量を用意する
❸ 支柱（直径20mm、長さ1.5m）
❹ 結束資材（麻ひもやテープなど）
❺ マルチング資材

マルチング資材は土にすき込まない

マルチング資材を土にすき込むと、それらを栄養源とする微生物がふえ、ブルーベリーに施した肥料のチッ素分まで横取りしてしまいます（チッ素飢餓）。また、病気発生の原因になることもあります。

マルチング資材は有機質のものを使う
おがくず、バスクチップ（上写真）、バークチップ、もみ殻などが利用できる。70〜100ℓほど用意するとよい。マルチング資材は土にすき込まず、必ず地面に敷くだけにする。

苗を植える

準備した植え穴
1か月以上前に準備した植え穴。

穴の底に用土を入れる
穴の底に用土を入れ、株元が埋まらない高さに調節する。

植え穴の中心に穴を掘る
直径が根鉢の2倍以上で、深さ30cm程度の穴を掘る。掘り上げた土は横に積んでおく。

用土で根鉢を包む
根鉢の周囲に、根鉢を包むように用土を入れる。

苗の根鉢を少しほぐす
根鉢を軽くくずし、3分の1くらいを落とす。

掘り上げた土で埋める
根鉢を包んだ用土の周囲に掘り上げた土を入れ、地表面を平らにする。準備した植え穴が小さい場合は、掘り上げた土を使わず、用土だけで植えるとよい。

→次のページに続く。

基本 庭への植えつけ（2）

水やりをする

水鉢をつくる
苗の周囲の土を盛り上げ、ドーナッツ状の土手（水鉢）をつくる。

たっぷり水を入れる
水鉢の中に、大きなバケツ1杯分の水を注ぐ。

水が引くのを待つ
水が完全に引くまで待つ。水やりであいた地面の穴は埋める。

支柱を立てる

支柱に誘引する
根鉢のわきに支柱を深く差し込み、麻ひもやテープなどで株と結ぶ。

マルチングをする

マルチング資材を敷き詰める
マルチング資材を厚さ10cm程度、植え穴よりも一回り大きく敷き詰める。土には決してすき込まない。

中央をくぼませる
株元が資材で埋まると、そこから根が出てブルーベリーが枯れてしまうので、株元の部分はくぼませ、地面を露出させておく。

剪定をする（34～41ページ参照）

花芽を切り落とす
枝先についた花芽は全部落とす。細い枝など不要な枝も落とす。

結果母枝にする枝を切り返す
再来年に実をつけさせる枝を決めて、枝の途中で切る。

植えつけ完了

Column

マルチングは1年を通して行う

　ブルーベリーの根は広く浅く広がります。土壌表面をよい状態に保っておくために、マルチングはとても有効な方法です。

　株元を有機物でマルチングしておくと、雑草の発生が抑えられ、土壌の保水性や保温性が向上します。また、エリコイド菌根菌（45ページ参照）をふやすのにも重要です。

　マルチング資材が分解されて厚みが減ってきたら補充します。

マルチングした部分をはがしてみると、土壌の表面近く、マルチングとの境目に根を伸ばしていることがわかる。

トライ 休眠枝ざし

適期＝3月　｜　剪定前に保存していた休眠枝を使う。

さし穂の調整

1

穂木を切り分ける
保存していた穂木の両端は乾燥しているので、2.5cmずつ切り落とす。次に、残りの部分を長さ10cm程度に切り分ける。

2

天／地

さし穂の天地を確認する
芽の上下を確認して、さし穂の天地を確認する。忘れがちなので注意。

3

下側をくさび形に切る
よく切れるナイフで、下側を斜めに切る。反対側もナイフで少し斜めに切る。ナイフで切ることにより切断面が平滑になり、水あげがよくなる。

さし床の準備

　用土は鹿沼土1に対し、酸度未調整のピートモス1〜3を混ぜたものを用います（用土のつくり方は28ページ）。

　さし床には直径9cmのポリポットが適しています。プランターやトレイでもよいのですが、鉢上げの際に苗どうしで絡まった根を切る場合があります。また、ポットにさすと幼苗の鉢上げの必要がなくなり、その後の管理も容易です。

直径9cmのポリポット

さし方

　用土の中央に割りばしなどで穴をあけ、5cmの深さにさします。芽が土の中に隠れても大丈夫です。

さし穂を垂直にさし込む
用土にさし込んだら、さし穂の周囲の土を指で軽く寄せ、用土とさし穂を密着させる。その後、やさしい水流で十分に水やりをする。

さし木後の管理

① 置き場、水やり

半日陰に置き、水切れに注意しながら管理します。初夏までは1日1回、盛夏は1日2回の水やりが必要です。日ざしが強い場合は寒冷紗などで遮光します。

② 新梢が伸びる

生育が順調に進むと、すぐにさし穂の先端の芽が萌芽し、新梢が伸びます（一次伸長）。新梢はさし穂内に貯蔵された養分で伸びますが、その後いったん成長が止まり、葉色が薄くなる場合もあります。これは問題はありません。

さし木から2か月後の苗
葉色が黄色っぽくなる。

③ 根が伸びる

さし木から3か月ほど過ぎると、成長が停止していた新梢から新たな新梢が発生する場合もあります（二次伸長）。このころには発根し、根が養水分を積極的に吸収するようになるため、葉色も緑色へと回復します。この時期に緩効性の肥料を施して成長を促進させてもよいのですが、過剰な施肥は発根や根の成長そのものを抑制するため、施肥は翌年3月まで待ってから行うとよいでしょう。

④ 秋以降の管理

気温が徐々に低下する9月以降は乾燥しすぎに注意しながら、水やりを控え気味にすると根の成長が促されます。翌年の3月以降に、一回り大きいポットや鉢に植え替えて、苗とします。その後は、苗の大きさに合わせて大きいポットに植え替えていきます。

さし木から1年後の苗

April 4月

今月の主な作業

基本 人工授粉

基本 基本の作業
トライ 中級・上級者向けの作業

4月のブルーベリー

ブルーベリーは開花期を迎えます。花は、枝の先端から下に向かって咲いていきます。同じ花房内では、基部から先端に向かって開花していきます。開花が早かった木が早く収穫期を迎えるとは限りません。

気温の上昇とともに雑草も旺盛に成長し始めます。きちんと除草して株元をきれいな状態にしておきます。

'スパルタン'（ノーザンハイブッシュ系）の花。

主な作業

基本 人工授粉

確実に実をつけさせる作業

ブルーベリーは虫媒花で、受粉には花粉を運んでくれるミツバチなどの昆虫が重要です。郊外の庭で栽培している場合は昆虫が多いので、受粉できないことはほとんどありません。

しかし、高層マンションのバルコニーや都心などで花に来る昆虫が少ない場合や、開花期に雨が多い場合、寒くて昆虫が少ない場合は、人工授粉で確実に結実するようになります。

人工授粉に用いる花粉は、必ず同一系統のほかの品種から集めます。異なる品種どうしのほうが結実しやすいうえ、果実の中のタネが充実するため、大きい果実がなるからです。

花粉を運んでくれるミツバチ。

今月の管理

- ☀ 戸外の明るく風通しがよい場所
- 💧 鉢植えは鉢土の表面が乾いたら、庭植えは不要
- 🟫 不要
- 🌱 除草して株元をきれいに

花粉は、先端が完全に開いた花房を上からたたいて集めます。花粉は非常に細かいですが、たたく際に横から見ると、落下する様子を観察できます。品種や環境により異なりますが、個々の花は10日程度咲き続けます。花房内のすべての花が咲くまで、5日間隔を目安に人工授粉を繰り返します。

管理

🪴 鉢植えの場合

- ☀ **置き場**：風通しがよく明るい場所
- 💧 **水やり**：鉢土の表面が乾いたら
  鉢底から水が流れ出るまで水やりをします。4日に1回が目安です。
- 🟫 **肥料**：不要

🌱 庭植えの場合

- 💧 **水やり**：不要
- 🟫 **肥料**：不要

🪴🌱 病害虫の防除

害虫の発生が目立ち始める

萌芽とともに、葉を食べるケムシやイモムシが発生します。新芽にアブラムシ類が、花に灰色かび病が発生しやすくなります。病害虫の発生を抑えるには、日ごろから病原菌や害虫の温床となる雑草を除草することが大切です。

花粉を集める
花房の下に、耳かき用の梵天やボウルなどを当て、花房を上からやさしくたたいて花粉を集める。

花粉を雌しべにつける
違う木の先端が完全に開いた花に、集めた花粉をつける。

May
5月

今月の主な作業
- 基本 マルチング資材の補充
- 基本 鳥害対策（5月中旬以降から収穫終了まで）
- 基本 遮光

基本 基本の作業
トライ 中級・上級者向けの作業

5月のブルーベリー

日ざしが強まり、気温が上昇します。展開まもない葉がしおれる場合は、遮光をして日ざしを弱めるとよいでしょう。

ブルーベリーの根は非常に細く、乾燥に弱いため、株元をしっかりマルチングして土の保水性を向上させましょう。新梢が伸び、果実が肥大するこの時期の水分不足は大きなダメージになります。

受精がうまくいった果実は肥大が始まる。'ティフブルー'（ラビットアイ系）。

主な作業

基本 マルチング資材の補充
庭植えのマルチングは1年を通して

庭植えのブルーベリーの株元に敷いたマルチング資材は、雨や風、微生物の働きなどで分解し、減っていきます。

マルチングが減っていたら、厚さが10cmになるように、マルチング資材を補充します（54～55ページ参照）。その際、マルチング資材は土壌にすき込まないようにします。

基本 鳥害対策
果実が少し色づき始めたら

スズメ、ヒヨドリ、ムクドリはブルーベリーが大好物です。果実が少し色づいたころから被害がふえるので、5月中旬を目安に防鳥対策を行います。鳥よけのための忌避グッズが多数市販されていますが、防鳥ネットが最も効果的です。

株に防鳥ネットを直接かけるのではなく、単管パイプなどを利用してフレームをつくると、果実が落下せず、効率的に収穫できます。ネットは収穫が終わるまで張っておきます。

今月の管理

- ❄ 戸外の明るく風通しがよい場所
- 💧 鉢植えは鉢土の表面が乾いたら、庭植えは好天が続いたら
- 🧪 ハイブッシュ系に5月中旬に追肥
- 🐛 除草して株元をきれいに

基本 遮光

開き始めた葉がしおれたら

5月は展開し始めた葉の表面に、内部を保護するロウ状のクチクラ層が形成される大切な時期ですが、葉が日ざしでしおれて弱ることがあります。展開まもない葉がしおれる場合は遮光をし、強い日ざしを避けましょう。遮光の方法は70ページを参照。

鳥害対策

フレームをつくって株全体を覆う。防鳥ネットの網目は15mm程度のものがよい。ネットが風で飛ばないように、四方を単管パイプで押さえたり、四隅に石などの重しを置いたりするとよい。

管理

🪴 鉢植えの場合

❄ **置き場：風通しがよく明るい場所**

💧 **水やり：鉢土の表面が乾いたら**

鉢底から流れ出るまでたっぷりと水を与えます。3日に1回が目安です。

🧪 **肥料：ハイブッシュ系に追肥**

ハイブッシュ系は、果実の充実を図るため、5月中旬に速効性の化成肥料を施します（48〜49ページ参照）。

🌱 庭植えの場合

💧 **水やり：マルチングで乾燥防止**

水分不足に注意します。基本的には、土壌水分があれば水やりの必要はありませんが、好天が続いたら水やりをしましょう。土壌の乾燥防止にはマルチングが効果的です。

🧪 **肥料：ハイブッシュ系に追肥**

鉢植えと同様の肥料を施します。

🪴🌱 病害虫の防除

害虫は見つけしだい捕殺

4月に準じます。

June
6月

今月の主な作業
- 基本 収穫と保存
- 基本 夏の剪定（6月下旬～9月）

基本 基本の作業
トライ 中級・上級者向けの作業

6月のブルーベリー

待ちに待った早生品種の収穫が始まります。収穫期は1か月ほど続きます。気温の低い午前中に収穫しましょう。晩生品種の収穫までにはまだ少し時間がかかります。

水切れを起こすと果実品質が低下してしまうため、水やりに注意します。新梢の成長は一時的にストップします。この時期の新梢を緑枝ざしに利用します。

1つの果房内で熟する時期が異なる。'レガシー'（サザンハイブッシュ系）。

主な作業

基本 収穫と保存
完熟した果実から順次摘み取る

果梗の周辺部分が完全に青色になった果実を手で摘み取ります。

ブルーベリーは、同じ果房内でも果実によって成熟開始期が異なるため、それぞれの果実が完熟する時期も異なります。一般的に、果実に大きな発芽能力のあるタネが多く含まれるほど、成熟開始が早まります。また、同じ果房でも、完熟期が早い果実ほど大きく、遅い果実ほど糖度が高くなります。

実際の作業は64ページを参照してください。

基本 夏の剪定
株の大きさをコンパクトにする

伸長途中の枝を半分程度に切り返し、コンパクトな樹冠をつくる目的で行います。翌年の収穫作業が楽になり、株の大きさもコントロールできます。まだ果実をつけていない新梢を剪定するので、今年の収穫量には影響しません。実際の作業は68～69ページを参照してください。

> **今月の管理**
> ☀ 戸外の明るく風通しがよい場所
> 💧 鉢植えは鉢土の表面が乾いたら、庭植えは好天が続いたら
> 🌱 ラビットアイ系には6月上旬に追肥、ハイブッシュ系には収穫終了後にお礼肥
> 🐛 落ちた果実の掃除、除草

管理

🪴 鉢植えの場合

☀ 置き場：風通しがよく明るい場所

雨が続く場合は軒下など雨が当たらない場所に避難させましょう。

💧 水やり：鉢土の表面が乾いたら

鉢底から流れ出るまでたっぷりと水を与えます。2日に1回が目安です。

🌱 肥料：ラビットアイ系に追肥、ハイブッシュ系にお礼肥

ラビットアイ系は果実の充実を図るため、6月上旬に速効性の化成肥料を施します（48〜49ページ参照）。収穫が終了したハイブッシュ系にはお礼肥を施します。

🌿 庭植えの場合

💧 水やり：好天が続いたら

収穫を迎えるころに乾燥状態が続くと、果実がしなびて味に影響する可能性があります。好天が続くようなら水やりをします。

🌱 肥料：ラビットアイ系に追肥、ハイブッシュ系にお礼肥

鉢植えと同様の肥料を施します。

🪴🌿 病害虫の防除

害虫は見つけしだい捕殺

82〜85ページを参照して害虫を見つけましょう。雑草や落ちた果実は病原菌や害虫の温床となるので、除草や掃除に努め、株元をきれいにします。

Column 果実の乾燥ストレス

結実期に水分不足になると、果実中の水分が樹体へと移動し、果実がしなびてしまいます。水分が十分な状態に回復すると、果実のしなびも回復します。ところが、果実が多くつきすぎた木では回復が遅れ、結果として果実が枯死する場合があります。そのため、果実のしなびの回復が遅い場合は、冬の剪定を見直し、花芽の数を調整しましょう。

基本 収穫と保存　適期=6月〜9月上旬　完熟した果実をすべて摘み取る。

完熟果実は果皮の色で判断

　ブルーベリーは、果梗の周辺部分の果皮が完全に青色になったものを完熟とします。この状態の果実の糖度は12度前後とされていますが、着色完了後も増加し、完熟から3〜5日後の糖度はおよそ15度に達します。

　完熟した果実は果梗から簡単に外れるので、収穫作業に慣れてくると、触っただけで、果実の熟度が判断できるようになります。

収穫は気温の低い午前中に

　果実の温度が高くなると貯蔵性が下がるため、気温の低い午前中に収穫します。摘み取る前に、落ちた果実を回収して庭の外で処分します。

　収穫間隔は5日を目安とし、1回の収穫で果房内の完熟果実をすべて収穫します。特に梅雨どきは果実が過度に吸水し、糖度が低くなっている場合があるため、降雨後は3日程度経過してから収穫するとよいでしょう。収穫の際、裂果したものや腐敗した果実もすべて回収し、庭の外で処分します。

　収穫した果実はなるべく涼しい場所に置き、直射日光に当てないようにします。完熟した果実の果皮や果肉は非常に柔らかく傷つきやすいため、積み重ねたりせず、ていねいに扱います。

完熟した実を1粒ずつ摘み取る。

収穫したら

　生食用の果実は、平皿などに広げ、冷蔵庫内で保蔵します。皿をラップなどでくるむと乾燥を防ぐことができますが、なるべく早く消費しましょう。

冷凍保存

　水洗いした果実をざるなどに広げ、しっかり水を切ってからビニール袋に入れて冷凍庫へ。その際、中の空気をなるべく抜くと結露を防げます。冷凍保存した果実もなるべく早く消費するようにします。

冷凍保存には密閉できる厚手のビニール袋が適する。

おいしい食べ方 ❶

ブルーベリーは枝についているときしか熟さないので、完熟した果実は育てた人しか味わえません。一度に数粒口に入れると、抜群の甘みとさわやかな酸味を同時に楽しめます。簡単に楽しめるレシピを紹介しましょう。

● 生 食

摘みたての果実をさっと水洗いして、そのままテーブルに。完熟した果実のおいしさは感動的です。

NP-S.Maruyama

おいしい食べ方 ②

● ヨーグルトジュース

ブルーベリーと相性のよいヨーグルトのジュース。
できたての濃厚な味覚を楽しみましょう。

材料

ブルーベリー果実　200g
飲むヨーグルト　400㎖

① ヨーグルトと果実をミキサーに入れる。

② 15秒ほど撹拌すると完成。

※時間をおくと、果実に含まれるアントシアニンが酸化して、茶色みを帯びてきます。また、ムースのように固まってくるので、飲む直前につくりましょう。

● ブルーベリージャム

香りと風味が際立ち、市販品では味わえないジャムです。750gの果実から800gのジャムができます。
最初に鍋の重さを量り、それに1kgほど足した重さを計測できるはかりを用意します。熱い鍋をはかりにのせても大丈夫なように、コースターも準備して重さを量っておきましょう。砂糖は完成の直前に入れます。

材料
ブルーベリー果実　750g
砂糖（一般的な上白糖）　250g

① 鍋本体の重さを量っておく。
・鍋本体（例：500g）
　＋果実（750g）＝1250g

② 果実を鍋に入れ、焦げないように混ぜながら、弱めの中火で20分ほど煮る。水は入れない。

③ 途中で何回か鍋ごと重さを量り、果実が550g近くになるまで煮詰める。
・鍋と果実（例：1050g）
　－鍋本体（例：500g）
　＝煮詰めた果実（550g）
※コースターの重さも加える。

④ 鍋の中身が550gに近づいたら一度火を止める。だまにならないように砂糖を加え、やさしくかき混ぜてから弱火で再加熱する。沸騰したら完成。

※長期保存する場合は、ジャムを詰めた容器ごと大きい鍋に入れ、容器の8割程度が浸る量の水を入れて、15分ほど煮沸してからふたを閉めます。

基本 夏の剪定　適期＝6月下旬〜9月

伸長途中の新梢を切り返す。切り返す枝は一部にとどめる。

作業の前に知っておきたい基本の知識

結果習性と花芽分化

　ブルーベリーは、短日条件に反応して葉芽が花芽へと分化します。つまり、夏至を過ぎてから、枝先部分の葉芽が花芽に変わるのです。花芽分化の開始時期は系統や品種で異なり、7〜9月とされています。花芽分化は枝先から枝の基部に向かって進みます。

メリット

❶樹冠がコンパクトになる

　春に出た新梢が徒長すると、樹冠が大きくなって鉢植えの置き場に困ります。また、果実は枝先に実るので、果実が高い位置につき、木が大きい庭植えでは収穫作業が大変になります。

そこで、夏の剪定で徒長枝を切り返すと、樹冠の大きさをコントロールでき、翌年の収穫もしやすくなります。

❷翌年の夏に収穫可能

　冬に枝を途中で切り返すと、その枝先にある花芽が全部なくなり、次の夏にその枝から収穫できません。これに対し、夏は短日条件なので、切り返した枝の葉芽は枝先から花芽へと変化し、結果として翌年の夏に収穫できます。

新梢を全部切り返すのはNG

　多くの枝を切り返すと葉の数が減り、根から吸い上げる水分と、葉から蒸散する水分のバランスがくずれるおそれがあります。また、光合成でつくられる養分も減ります。そのため、一部の枝を切り返すにとどめましょう。

徒長枝の切り方

剪定で切り返す枝は、今年の春から伸び始め、まだ果実をつけていない徒長枝です。そのため、切っても今年の収穫量は減りません。

今年伸びた徒長枝を長さ半分程度に切る。

夏剪定をしないと

高い位置に花芽がつくので、翌年に収穫しにくい

剪定時期による樹冠の違い

夏至以降に剪定　切り口の下にある葉芽から新梢が伸び、ボリュームのある樹冠になります。

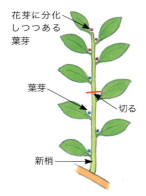

剪定前
- 花芽に分化しつつある葉芽
- 葉芽
- 切る
- 新梢

秋
新梢が伸びてきて、先端に花芽ができる。
- 花芽

翌年の夏
前年の秋に伸びた枝に果実が実る。

9月に剪定　新梢の先端には花芽ができ始めていますが、枝を切ると、切り口の下にある葉芽が短日条件で花芽に変化します。切り口の下から新梢が伸びず、樹冠がコンパクトになります。

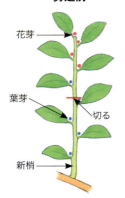

剪定前
- 花芽
- 葉芽
- 切る
- 新梢

秋
切り口の下の葉芽が花芽に変わる。
- 花芽

翌年の夏
果実が実る。

7月 July

今月の主な作業

- 基本 収穫と保存
- 基本 夏の剪定（6月下旬～9月）
- 基本 遮光（7月上旬～9月上旬）

基本 基本の作業
トライ 中級・上級者向けの作業

7月のブルーベリー

ハイブッシュ系の収穫が最盛期を迎えます。いよいよラビットアイ系の収穫も始まります。生食はもちろんですが、たくさん収穫できた場合は、冷凍保存するとよいでしょう。

この時期、特に鉢植えでは、水切れを起こさないように注意します。

色づいた果実から次々と収穫。写真は'ダロウ'（ノーザンハイブッシュ系）。

主な作業

基本 収穫と保存
　6月に準じます（64ページ参照）。

基本 夏の剪定
　6月に準じます（68ページ参照）。

基本 遮光

ブルーベリーを強い日ざしから守る

　日光はブルーベリーの成長に不可欠ですが、夏の強い日ざしは、葉焼けや、葉の温度の上昇による光合成効率低下の原因になります。7月上旬以降に遮光率20％程度の白色寒冷紗で木を覆うと、樹勢が維持され、収穫量や果実品質が低下することを防げます。

夏の遮光の例

寒冷紗で日陰をつくって遮光する。

今月の管理

- 戸外の明るく風通しがよい場所
- 鉢植えは鉢土の表面が乾いたら、庭植えは好天が続いたら
- 収穫が終わったらお礼肥
- 落ちた果実の掃除、除草

管理

鉢植えの場合

置き場：風通しがよく明るい場所

雨が続く場合は軒下など雨が当たらない場所に避難させましょう。

水やり：梅雨明け後は毎日

鉢土の表面が乾いたら、鉢底から流れ出るまでたっぷりと水を与えます。梅雨明け後は1日1回が目安です。鉢内が蒸れないように、朝夕の涼しい時間帯に水を与えます。

肥料：お礼肥

収穫が終了した木に、お礼肥として速効性の化成肥料を施します（48〜49ページ参照）。

庭植えの場合

水やり：好天が続いたら

収穫期に乾燥状態が続くと、果実がしなびて味に影響する可能性があります。好天が続くようなら、朝夕の涼しい時間帯に水やりをします。

肥料：お礼肥

鉢植えと同様の肥料を施します。

病害虫の防除

コガネムシ類の幼虫による被害が多い場合は薬剤を

前月に続き、落ちた果実は掃除し、除草をして株元をきれいに保ちます。

枝や葉を食べるカミキリムシ類の成虫や、葉裏から食べる有毒のイラガ類の幼虫が現れます。土の中で根を食べるコガネムシ類の幼虫が大量に発生した場合の対処は薬剤散布しかありません。収穫が終了してから散布します。

葉裏に群れたイラガ類の幼虫
葉ごと摘み取って処分。

イラガ類の幼虫の食べ痕
葉が白く透ける。

カミキリムシ類の成虫
葉や枝を食べる。

August
8月

今月の主な作業

- 基本 収穫と保存
- 基本 夏の剪定（6月下旬〜9月）
- 基本 遮光（7月上旬〜9月上旬）
- 基本 鳥害対策資材の取り外し（収穫終了後）

基本 基本の作業
トライ 中級・上級者向けの作業

8月のブルーベリー

収穫作業も終盤を迎えます。ブルーベリーは、同一品種のなかでも、晩期に収穫した果実のほうが、早期に収穫したものと比較して糖度が高くなります。晩期に収穫した果実は小さいですが、甘みを楽しむことができます。

収穫が終わったら防鳥ネットを外してしまいましょう。

主な作業

基本 収穫と保存
6月に準じます（64ページ参照）。果実が少なくなったら、その木からの収穫は終了です。

基本 夏の剪定
6月に準じます（68ページ参照）。

基本 遮光
7月に準じます（70ページ参照）。

基本 鳥害対策資材の取り外し
収穫が終わったら
収穫が完了した木は、鳥害対策のネットを取り外します。

完熟を待つ'T-100'（ラビットアイ系）。8月はラビットアイ系の最盛期。

ラビットアイ系の木
果実の重みで枝が枝垂れる。

今月の管理

- ☀ 戸外の明るく風通しがよい場所
- 💧 鉢植え、庭植えとも土の表面が乾いたら
- 🎲 収穫が終わったらお礼肥
- 🐛 落ちた果実の掃除、除草

管理

🪴 鉢植えの場合

☀ 置き場：風通しがよく明るい場所

💧 水やり：早朝か夕方の涼しい時間帯に

鉢土の表面が乾いたら、鉢底から流れ出るまでたっぷりと水を与えます。1日1回が目安です。気温が高い日中に水やりをすると、鉢内の蒸れを招くおそれがあるので避けます。

🎲 肥料：お礼肥

収穫が終了した木に、お礼肥として速効性の化成肥料を施します（48～49ページ参照）。

🌱 庭植えの場合

💧 水やり：土壌の水分状態を見て水やり

土壌を観察して、乾燥している場合は水やりをします。マルチングをしていると保水性が高まります（54～55ページ参照）。

🎲 肥料：お礼肥

収穫が終了した木に、お礼肥として、速効性の化成肥料を施します（48～49ページ参照）。

🪴🌱 病害虫の防除

害虫は見つけしだい捕殺

害虫は、見つけしだい捕殺します。コガネムシ類の幼虫の被害が大きいときは、収穫終了後に薬剤を散布します。除草に努め、落ちた果実は掃除して、株元をきれいにしておきます。

カミキリムシ類の幼虫があけた穴
カミキリムシ類の幼虫が株元にあけた穴。茶色いものは、幹の内部を食べる幼虫のふん。

コガネムシ類
夏を通して現れ、葉をぼろぼろにする。

コガネムシ類の幼虫
地中にいるので、被害が大きくならないと発見しにくい。

September
9月

基本 基本の作業
トライ 中級・上級者向けの作業

今月の主な作業

- 基本 収穫と保存
- 基本 夏の剪定（6月下旬～9月）
- 基本 遮光資材の取り外し
- 基本 鳥害対策資材の取り外し
- 基本 庭土のpH調整
  （植えつけの2か月前）

9月のブルーベリー

収穫が終了します。この時期から冬までの間に、ブルーベリーは花芽を充実させ、樹体に来年度のための養分を蓄えます。

遮光栽培していた場合は、寒冷紗を取り外して十分に光合成ができるようにします。盛夏ほどではありませんが、十分に水やりをし、水切れに注意します。

主な作業

基本 収穫と保存
6月に準じます（64ページ参照）。

基本 夏の剪定
6月に準じます（68ページ参照）。

基本 遮光資材の取り外し
日ざしが弱まってくる9月に
日照不足は花芽分化や光合成に悪影響を与えるので、日ざしが弱まってくる9月には寒冷紗を取り外します。

基本 鳥害対策資材の取り外し
収穫が終了したら取り外します。

基本 庭土のpH調整
庭に植えつける2か月前までに
ブルーベリーは酸性土壌を好みます。植えつけの2か月前までに植え場所の土壌酸度を調べておきましょう。土壌酸度がpH6.0以下なら特別な土壌改良は必要ありません。pH7.0以上の場合は硫黄粉末を土壌によく混ぜておきます。硫黄が土壌中の硫黄細菌によって酸化または還元され、その副産物として硫酸が発生し、土壌のpHが下がります。土壌改良が難しい場合は鉢栽培で楽しみましょう。

ラビットアイ系の収穫も終わる。写真は収穫後期の'ティフブルー'（ラビットアイ系）。

今月の管理

- ☀ 戸外の明るく風通しがよい場所
- 💧 鉢植え、庭植えとも、土の表面が乾いたら
- ⬛ 収穫が終わったらお礼肥
- 🍃 落ちた果実の掃除、除草

基本 庭土の pH 調整

適期＝9月

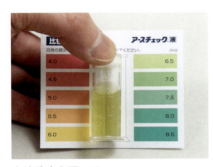

土壌酸度を調べる
水に溶かした土の上澄み液に市販の試薬を入れ、カラーチャートの色と比べて酸度を調べる。写真の場合はpH6.0なので問題ない。

pHを4.5にするために必要な硫黄の量
（1㎡当たりの量）

元の土壌のpH	砂が多い土壌	砂、粘土、有機物がバランスよく混ざった土壌
7.5	95g	280g
7.0	75g	240g
6.5	60g	190g

pH値に応じた量の硫黄を、植える場所の80cm×80cmの範囲にまいて耕す。気温が低いと微生物の活性が低下するため、この土壌改良は冬以外の時期に行う。

管理

🪴 鉢植えの場合

- ☀ **置き場**：風通しがよく明るい場所
- 💧 **水やり**：早朝か夕方の涼しい時間帯に
  8月に準じます。
- ⬛ **肥料**：ラビットアイ系にお礼肥
  収穫が終了した木に、お礼肥として速効性の化成肥料を施します（48〜49ページ参照）。

🌱 庭植えの場合

- 💧 **水やり**：土壌の水分状態を見て水やり
  土壌を観察し、乾燥している場合は水やりをします。気温が下がる下旬から根が伸び始めるため、土壌を乾燥させないようにします。
- ⬛ **肥料**：ラビットアイ系にお礼肥
  鉢植えと同様の肥料を施します。

🪴🌱 病害虫の防除

害虫は見つけしだい捕殺
　8月同様、株元をきれいに保ちます。コガネムシ類の幼虫の被害が大きいときは収穫終了後に薬剤を散布します。

October
10月

今月の主な作業
- 基本 マルチング資材の補充
- 基本 植え穴の準備（庭植え）

基本 基本の作業
トライ 中級・上級者向けの作業

10月のブルーベリー

　気温の低下とともに、高温でストップしていた根の伸長が旺盛になります。マルチング資材を補充して土壌水分を保ち、水切れに注意して、来年のための養分を蓄えさせます。

　今年中に庭に植えつける場合は、植えつけの1か月前までに植え穴をつくり、土壌改良を済ませておきます。

10月は、ブルーベリーを庭に植えるために大切な植え穴の準備をする月。

主な作業

基本 マルチング資材の補充

庭植えのマルチングは1年を通して

　庭植えのブルーベリーの株元に敷いたマルチング資材は、雨や風、微生物の働きなどで分解され、減っていきます。

　マルチングが減っていたら、厚さが10cmになるように、マルチング資材を補充します（54〜55ページ参照）。その際、マルチング資材は土壌にすき込まないようにします。

基本 植え穴の準備

庭に苗を植えつける場合

　植え穴の準備は、酸性土を好むブルーベリーを庭に植えるために行う土壌改良です。大きな穴を掘り、酸度未調整のピートモスを投入します。

　植え穴の準備は、植えつけの1か月前までに済ませておきます。3月に植えつける寒冷地でも今月に準備して大丈夫です。なお、庭土のpHも調べ、必要ならpH調整をしておきましょう（75ページ参照）。

　実際の作業は2月（44ページ）を参照してください。

今月の管理

- ☀ 戸外の明るく風通しがよい場所
- 💧 鉢植えは鉢土の表面が乾いたら、庭植えは不要
- 🟫 不要
- 🎨 除草して株元をきれいに

管理

🪴 鉢植えの場合

- ☀ **置き場**：風通しがよく明るい場所
- 💧 **水やり**：鉢土の表面が乾いたら
  鉢底から流れ出るまでたっぷりと水を与えます。3日に1回が目安です。
- 🟫 **肥料**：不要

🌱 庭植えの場合

- 💧 **水やり**：不要
- 🟫 **肥料**：不要

🪴🌱 病害虫の防除

害虫は見つけしだい捕殺

害虫は見つけしだい捕殺しましょう。病原菌や害虫の温床となる雑草は除草します。

Column

ブルーベリーとアントシアニン

　完熟した果実は美しい青紫色を呈しますが、これは果皮に植物色素であるアントシアニンが蓄積した結果です。一部の品種でピンク色の花が咲いたり、秋に葉が美しく紅葉したりするのも、アントシアニンが蓄積した結果です。
　アントシアニンには抗酸化作用など、優れた生体調節機能があることが広く知られるようになりました。じつはアントシアニンは総称であり、現在までに500種類以上の存在が確認されています。ブルーベリーの果実には最低でも15種類のアントシアニンが存在し、その種類や含まれる比率は品種や系統ごとに異なることが明らかにされています。

November
11月

今月の主な作業
- 基本 鉢増し、鉢替え
- 基本 庭への植えつけ（冬が温暖な地域）
- トライ 雪吊り（積雪地）

基本 基本の作業
トライ 中級・上級者向けの作業

11月のブルーベリー

紅葉の時期を迎えます。果皮と葉の着色は、植物色素であるアントシアニンが蓄積した結果です。紅葉が終わると落葉しますが、ラビットアイ系やサザンハイブッシュ系の一部の品種では、春近くまで落葉しない場合があります。冬が温暖な地域では秋植えの適期です。

積雪が予想される地域では、株を結束したり、支柱に誘引したりして雪害を防ぎます。

目の覚めるような紅葉はブルーベリーの魅力の一つ。

主な作業

基本 鉢増し、鉢替え
植え替えは毎年行うとよい

「鉢増し」は一回り大きい鉢に植え替えること、「鉢替え」は同じ大きさの鉢に植え替えることです。作業は3月（50～51ページ）に準じます。

植え替え後に降霜の予報が出たら、屋根のある軒下など、霜が当たらない明るい場所に鉢を移動させます。

基本 庭への植えつけ
準備しておいた植え穴に植えつける

冬が温暖な地域では今月が植えつけの適期です。実際の作業は3月（52～55ページ）を参照してください。低温により根が障害を受けるおそれがあるため、冬の植えつけは避けましょう。

トライ 雪吊り
積雪の多い地方で行う

適地適作といい、その地方の気温に合った系統を栽培していれば、日本国内でブルーベリーに特別な防寒対策は必要ありません。ただし、雪が多い地方では、雪の重みで枝が折れないように、雪吊りをしておきましょう。

今月の管理

- ☀ 戸外の明るく風通しがよい場所
- 💧 鉢植えは鉢土の表面が乾いたら日中に、庭植えは不要
- 🟫 不要
- 🐛 落ち葉処理をする

管理

🪴 鉢植えの場合

☀ **置き場：風通しがよく明るい場所**
💧 **水やり：鉢土の表面が乾いたら**
　鉢底から流れ出るまでたっぷりと水を与えます。4日に1回が目安です。
🟫 **肥料：不要**

🌱 庭植えの場合

💧 **水やり：不要**
🟫 **肥料：不要**

🪴🌱 病害虫の防除

病原菌や害虫の温床をなくす
　寒さとともに、病害虫の発生は減っていきます。でも、落ち葉の中や下では病原菌や害虫が越冬しています。株元は常にきれいに掃除し、落ち葉は庭の外で処分しましょう。

トライ 雪吊り | 適期＝11〜12月

株全体をひもなどで縛り、表面積を減らす。

結束する方法

幼木や枝が柔らかい場合は、株全体を結束する。

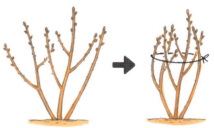

支柱を立てて、枝を支える方法

成木などで枝が堅い場合は、支柱を立てて枝を吊る。

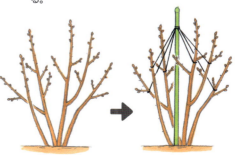

December
12月

今月の主な作業

- 基本 冬の剪定（12〜3月）
- トライ さし木用の穂木の採取と保存（12月〜3月上旬）
- トライ 雪吊り（積雪地）

基本 基本の作業
トライ 中級・上級者向けの作業

12月のブルーベリー

12月になるとブルーベリーは休眠期を迎えますが、冬が温暖な地域では紅葉が続きます。

気温の低下とともに霜害が発生する場合があるので、特に鉢植えでは注意が必要です。鉢を軒下などの屋根のあるところに移動させるとよいでしょう。鉢土が凍らないように、水やりは日中に行うようにします。

多くのブルーベリーは落葉が進み、冬支度に入る。

主な作業

基本 冬の剪定（12〜3月）
品質の高い果実を収穫するために行う

冬の剪定の適期を迎えます。今年の春以降、ブルーベリーは多くの枝を成長させ、樹冠も大きくなっています。

冬の剪定は毎年行う大切な作業です。枝をよく見て、じっくり考えながら剪定すると楽しみも増します。たとえ失敗しても、ブルーベリーは枝をどんどん伸ばすので、心配せずに思いきって切りましょう。

剪定の方法は1月（34〜41ページ）を参照してください。

トライ さし木用の穂木の採取と保存
休眠枝ざし用の穂木をとる

さし木をしてふやしたいときは、穂木を剪定前か剪定時に採取しておくとよいでしょう。さし木を行う3月まで冷蔵庫で保存します。実際の作業の方法は33ページを参照してください。

トライ 雪吊り
積雪の多い地方で行う

まだ済ませていない場合は、雪が多くなる前に行いましょう（79ページ参照）。

今月の管理

- ☀ 戸外の明るく風通しがよい場所
- 💧 鉢植えは鉢土の表面が乾いたら日中に、庭植えは不要
- 🌱 不要
- ✂ 落ち葉処理をする

管理

🪴 鉢植えの場合

☀ **置き場：風通しがよく明るい場所**

💧 **水やり：日中に行う**

鉢底から流れ出るまでたっぷりと水を与えます。5日に1回が目安です。気温が低い朝夕に水やりをすると、鉢土の凍結を招くおそれがあるので避けます。

🌱 **肥料：不要**

🌳 庭植えの場合

💧 **水やり：不要**

🌱 **肥料：不要**

🪴🌳 病害虫の防除

病原菌や害虫の温床をなくす

冬になると病害虫の発生はほとんどなくなりますが、落ち葉の中や下では病原菌や害虫が越冬しています。株元は常にきれいに掃除し、落ち葉は庭の外で処分しましょう。

Column

ブルーベリーの休眠

ブルーベリーは秋に落葉し、春まで成長が停止します。この期間を「休眠期」と呼びます。これは厳しい冬の環境条件に耐えるために落葉果樹が獲得した機能の一つです。

落葉果樹は、一定期間の低温にあうと休眠から覚め（休眠覚醒）、春の気温の上昇とともに成長を再開します。休眠から覚めるのにあわなければならない低温の量は種類ごとに異なります。

例えばノーザンハイブッシュ系はほかの系統と比較して、休眠から覚めるために、低温を多く必要とします。そのため、冬が温暖な地域でノーザンハイブッシュ系を栽培すると、休眠から覚めるのに必要な低温の量が足りず、春の萌芽が不ぞろいになり、結果として収穫できなくなる場合があります。

主な病害虫と対策

ブルーベリーはほかの果樹に比べて、病害虫で悩まされることはほとんどありませんが、まったく発生しないわけではありません。日ごろから木をよく見て、早期発見と早期対処に努めましょう。

ブルーベリーの主な病害虫の発生暦

関東地方以西基準

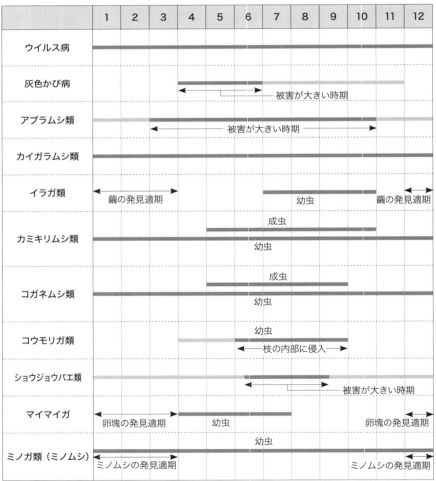

病気

ウイルス病

　ウイルスが原因の病気で、日本ではブルーベリー赤色輪点ウイルスなどの存在が確認されています。被害を受けた木は年間を通じて見つかります。ブルーベリー赤色輪点ウイルスに感染すると、茎葉や果実に斑点が発生します。木の成長や果実の品質に及ぼす詳細は不明です。

[対策]　感染を確認した場合は速やかに根ごと抜き取り、庭の外で処分します。処分の際に利用した剪定バサミなどの道具にはウイルスが付着している可能性があるので、しっかりと水洗いをします。ウイルス病に適用のある薬剤はありません。

灰色かび病

　カビの一種である灰色かび病菌が原因の病気です。病原菌が蕾や花、果実、葉に感染することによって発生します。春と秋の気温 15 〜 20℃の多湿の時期に被害が拡大します。感染すると、葉は縮れたあとに枯れ、花や果実は灰色の菌糸に覆われます。貯蔵中の果実にも発生します。

[対策]　剪定により樹冠内部の通気と光環境を改善することが有効です。被害が発生した場合は、被害部位を取り除くとよいでしょう。

防除の基本

薬剤(農薬)を使わない対処

　対策の基本は、適切な作業・管理を行って木を健全に育てることと、株元をきれいに保つことです。特に剪定は、樹冠内部の日当たり、風通しを確保し、木の健全な生育に役立ちます。株元は、除草、落ち葉処理、落果の掃除を心がけましょう。

薬剤を使う場合の注意

　薬剤には適用植物があります。ブルーベリーの場合、薬品のラベルや説明書の作物名の欄に「果樹類」または「ブルーベリー」という表記のあるものを用います。そのほか、適用病害虫名や使用時期など、書かれていることをよく守って使用します。

Pest Control

害虫

樹液を吸う虫

アブラムシ類

　1年を通して発生しますが、春から初夏にかけて新梢の先端における被害が大きく、新葉の展開不良を起こすこともあります。また、吸汁に伴うウイルスの拡散や、虫の分泌物がすす病発生の原因となる場合もあります。
[対策]　剪定により樹冠内部の風通しと光環境を改善することが有効です。チッ素肥料を過剰に施すと虫を誘引するので施肥量にも注意が必要です。発生した場合は歯ブラシなどを用いて、虫をていねいに除去します。

カイガラムシ類

　1年を通じて被害が発生します。多くの種類があり、体の表面がロウ状の物質や硬い殻で覆われた小さな成虫や幼虫が、枝に張りついて樹液を吸います。吸汁による被害以外に、虫の分泌物がすす病発生の原因となります。
[対策]　虫を見つけしだい、歯ブラシなどでこすり落とします。

食害する虫

イラガ類

→ 43 ページ、71 ページに写真
　夏から秋に幼虫が発生します。発生初期の幼虫は葉裏に群れており、葉を薄く食べるため、葉が白く透けたような状態になります。成長した幼虫は木全体に散らばり、葉全体を食べます。冬は繭の状態で枝で越冬しています。
[対策]　発生初期に葉ごと取り除くのが有効です。とげに猛毒があるので、幼虫に触れないように、白く透けた葉の裏を確認しましょう。食害された葉を取り除いておくと、次回発生した際に幼虫の発見が容易になります。冬に繭を発見したらたたきつぶします。

カミキリムシ類

→ 71 ページ、73 ページに写真
　成虫が春以降に主軸枝に産卵し、幼虫が枝の内部を食べるため、その主軸枝は樹勢が低下し、枯れる場合があります。成虫は樹皮や葉を食べます。
[対策]　主軸枝から虫のふんが出て

いたら、幼虫の侵入孔に針金をさし込んで駆除します。株元の除草やマルチングをしておくと、侵入孔を発見しやすくなります。成虫は捕殺します。

コガネムシ類

→ 73 ページに写真

春以降に成虫が葉を食べます。成虫は土中に産卵し、ふ化した幼虫が根を食べます。特に、鉢植えでは幼虫の被害で木が枯れる場合もあります。
[対策] 成虫、幼虫とも見つけしだい捕殺。鉢土の表面に不織布などを敷くと産卵を防げます。幼虫の被害が大きい場合の対策は薬剤の使用です。

コウモリガ類

初夏以降に発生した幼虫が枝に侵入し、内部を食べます。幼虫のふんが侵入孔付近についていたり、その下に落ちていたりするので発見できます。
[対策] 虫のふんを発見したら侵入孔に針金をさし込み、幼虫を駆除します。若齢幼虫は草本類を食害しているので、木の周囲の除草を徹底すると被害が軽減します。

ショウジョウバエ類

年間を通じて発生します。被害は果実で大きく、成虫が果実に卵を産みます。ふ化した幼虫は果実の内部を食べます。幼虫が内部にいる果実は、表面に幼虫が呼吸する穴があけられ、そこから果汁がしみ出ています。
[対策] 収穫作業前に落ちた果実や樹上で腐敗した果実を集め、庭の外で処分すると被害が軽減します。冷夏に被害が拡大するので、その際には薬剤の使用もやむをえないでしょう。

マイマイガ

→ 43 ページに写真

春先に発生した幼虫が成虫になるまで葉を食べます。幼虫は大きく、大量発生すると葉が食べつくされることもあります。
[対策] 冬に卵塊を除去することが有効です。主軸枝に産みつけられた卵塊を歯ブラシなどでこすり落とします。また、大きな幼虫は発見しやすいので、捕殺で十分に対応できます。

ミノガ類（ミノムシ）

→ 43 ページに写真

幼虫が葉や果実を食べます。食害は秋遅くまで続くことがあります。被害が大きいのは次の2種で、チャミノガは4月下旬以降、オオミノガは7月下旬以降に幼虫が発生します。冬は枝などに固着しています。
[対策] 見つけしだい捕殺します。

Trouble rescue

Q&A

ブルーベリーの木のトラブルや、ブルーベリーの寿命、
上級者向けの作業を紹介しました。困ったときはまず栽培の基本を見直しましょう。

 ブルーベリーが枯れてしまいました。原因は何でしょうか?

 一番多いのは土壌が原因の場合です。原因はほかにもあるので、栽培方法を基本に戻って見直してみましょう。

土壌や用土の原因　ブルーベリーが健全に成長する土壌は、pH5.0前後の酸性で、有機物が豊富で水はけと水もちがよいものです。しかし、苗を植えつける際の土壌改良（44ページ、74ページ）や鉢の用土（28ページ）が不適切だと、徐々に樹勢が低下し、最終的には枯れてしまう原因になります。また、土壌改良に使ったピートモスは徐々に分解するため、土壌中の有機物が不足します。ピートモスは古くなると水はけも極端に悪くなります。

　庭植えでは、マルチング資材を定期的に補充すれば（54〜55ページ、60ページ）、それほど気を遣う必要はありませんが、鉢植えは定期的に新しい用土で鉢替えや鉢増しを行います。

根の原因　適切に管理するほど根は旺盛に成長します。原因として多いのは根鉢が硬くなって根が養水分をうまく吸収できないことです。コガネムシの幼虫による根の食害、水やり不足または過剰な水やり、深植えによる根の成長抑制、アルカリ性肥料の施肥なども原因になります。ラビットアイ系は過剰に土壌のpHを下げて強い酸性にすると樹勢が低下するので注意します。

地上部の原因　樹勢が適切に維持されていないことが考えられます。

　木が小さいのに過剰に果実をつけさせると徐々に樹勢が低下します。また、結果枝では、果実と葉の数のバランスにも注意します。すなわち、冬の剪定で、樹勢の弱い木や植えつけ直後の木は花芽をすべて落とし、収穫する木では花芽の数を減らし、切り返し剪定で結果母枝をつくって葉の数をふやします。また、主軸枝は古くなると養水分の通りが悪くなり、樹勢が低下します。5年を目安に更新し、常に樹勢が良好な状態を維持することが重要です。

木が弱っていて、実もあまりつきません。どうしたらよいですか?

 剪定、土壌や用土、肥料を見直して樹勢を回復させましょう。

剪定 着果を一時的に控え、樹勢を回復させることに集中します。

夏の剪定は行わず、冬の剪定で花芽をすべて切り取ります。次に、樹勢の弱い細い枝もすべて間引き剪定します。少しでも樹勢の強い枝があったら、その枝の半分を目安に切り返し、春以降に旺盛な新梢を発生させます。株元から伸びたサッカーを利用して主軸枝を更新することも有効です。

土壌や用土 鉢替え・鉢増しや土壌改良を行い、根の成長を回復させます。作業としては、鉢増しや鉢替えのときに根鉢が硬くなっていたら、ノコギリなどで根鉢の側面を切り取り、新根の発生を促します。庭植えでは、有機物を利用したマルチングが土壌改良の役目を果たします(54〜55ページ参照)。

肥料 追肥にはブルーベリーに適した化成肥料を利用します(48ページ)。専用肥料にはブルーベリーが好むアンモニア態のチッ素が含まれています。また、土壌のpHを酸性に維持する成分が入っていることが多くあります。施す際には規定量をきちんと守り、施しすぎないように注意します。

 花が咲いたのに、実がつきません。なぜでしょうか?

 人工授粉や、同系統の2品種の栽培を行ってみるとよいでしょう。

人工授粉 果実の中にタネができる果樹では、タネが着果そのものや果実の肥大に大きな影響を及ぼします。特にブルーベリーでは、タネの数が多いほど、果実が大きくなります。

この質問のケースでは、受粉・受精がうまくいっていない可能性があります。開花期の気温が低いとき、雨が多いとき、高層マンションのベランダなど花を訪れる昆虫が少ないときは人工授粉をしましょう(58〜59ページ)。

同系統の2品種を栽培 単一品種を栽培していても結実する場合はあります。これに対し、同じ系統の異なる2品種を栽培すると、より受粉や受精が正常に進み、果実の中のタネがふえ、結果として大きな果実を収穫できます。また、品種特性として'オクラッカニー'や'ピンクレモネード'は開花数に対する結実率が低いようです。

剪定・肥料 受粉・受精が良好なのに結実しない場合、樹勢の低下や養分不足が原因と考えられます。過度な着果を避け、冬の剪定により適切に樹勢を調節します。また、適切な時期に適量の肥料を施しましょう。

Trouble rescue

 Q 長く栽培していますが、木の寿命はどのくらいでしょうか？

A 基本を守って栽培すると、50年以上収穫を楽しむことができます。

　米国での研究では、ラビットアイ系の経済樹齢はおよそ25年以上とされています。「経済樹齢」とは、収穫した果実を販売することを前提として、経済的に採算が合う樹齢（およその栽培年数）を示したものです。ハイブッシュ系では50年を超えて栽培されているものも多くあります。

　ブルーベリーの木は、老化すると徐々に樹勢や収量が落ちていきます。でも、自分で楽しみながら栽培するぶんには、多少の減収は問題ないでしょう。ブルーベリーは1年に1回しか収穫できませんが、愛着をもって管理すると、木もそれに応えてくれます。ぜひ、末永く栽培を楽しんでください。

　東京都府中市にある東京農工大学には、日本に初めて導入されたラビットアイ系の'ホームベル'が現存しており、この樹齢は50年を超えています。

日本に初めて導入された樹齢50年以上の'ホームベル'。

 Q 庭木や草花はよく6月にさし木をしますが、ブルーベリーも6月にさし木ができますか？

A 6月下旬～7月上旬に、新梢を使ってさし木ができます。

剪定　さし木には、3月に行う「休眠枝ざし（56ページ参照）」のほか、新梢を使う「緑枝ざし」もあります。

　緑枝ざしには、成長が一時停止した6月下旬～7月上旬の新梢を利用します。採取した新梢を長さ10cm程度に切り分けて、さし穂をつくります。

　さし穂をつくったら、直ちにさし床にさします。さし床（9cmポリポットと用土）、さし方、さし木後の管理は休眠枝ざしと同じです。特に重要なのは、夏の強い日ざしからさし穂を守る遮光です。ラビットアイ系の緑枝ざしでは、40％程度の遮光率が発根をよくすることが知られています。発根はさし木からおよそ1か月後です。

さし穂のつくり方

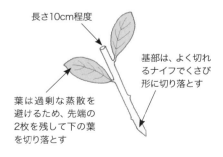

長さ10cm程度

基部は、よく切れるナイフでくさび形に切り落とす

葉は過剰な蒸散を避けるため、先端の2枚を残して下の葉を切り落とす

Q タネをまいて育てることはできますか？

A タネまきもできます。実をつけるようになるまで10年近くかかることもあります。

　タネから育てた木は親と異なる性質をもつ場合が非常に多く、実る果実も親のものと大きく異なります。そのため、タネまきは新しい品種をつくり出す繁殖方法といえます。実際のところ、タネまきで育てた個体が親より優れた形質をもち、新品種として登録できる確率はかなり低いのですが、新品種の誕生を楽しみにしながら、長い期間をかけて栽培するとよいでしょう。

　タネは完熟果実から採取し、冷蔵庫内で保管して、翌年3月中旬を目安にまきます。

タネの採取と保存方法　完熟果実と果実が浸るくらいの水をミキサーに入れ、軽く撹拌します。それを茶こしにあけて濾過します。タネの入った茶こしを水の中で数回揺らして洗うと、きれいになったタネを集めることができます。

　集めたタネは、画用紙などの上に広げて日陰で数日間乾かします。乾燥が不十分だと保存中にカビが生えるので注意します。乾かしたタネをビニール袋などに入れて密閉し、翌年の春まで冷蔵庫内で保存します。

　3月中旬になったらタネをまきます。1年以上保存すると発芽しないタネがふえるので、すべてのタネをまいてしまうほうがよいでしょう。

まき方　用土は酸度未調整のピートモスと鹿沼土を1：1から3：1に混ぜ、吸水させておきます（28ページ参照）。用土を育苗トレイに入れ、タネをばらまきします。発芽には光が必要なので、覆土はしないか、ごく薄くタネにかぶせます。育苗トレイは日当たりのよい場所に置き、ほぼ毎日やさしい水流で水やりをします。

発芽後の管理　およそ1か月で発芽します。鉢上げまでこのままの状態で管理します。苗の高さが5cm程度になったころ、まき床と同じ用土と2号程度の鉢を用いて、根を切らないように鉢上げをします。鉢上げ後にはたっぷりと水を与えます。その後、苗の大きさに合わせて鉢増しをしていきます。

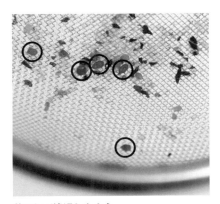
茶こしで濾過したタネ
大きくて濃い茶色のタネ（○印）がよいタネ。

More Info

北国の栽培

寒さに強いノーザンハイブッシュ系の品種を選べば、
寒冷地でも問題なく栽培することができます。

品種はノーザンハイブッシュ系を選ぶ

　気温が低い地域での栽培になるため、耐寒性が高いノーザンハイブッシュ系を植えることが前提になります。それより耐寒性が劣るサザンハイブッシュ系やラビットアイ系は寒冷地に向きません。

積雪が多い地域は雪対策を

　基本的な作業や管理はほかの地域と同じですが、雪が多く降る地域では雪対策が必要になります。積雪により枝が折れることを防ぐため、降雪前に雪囲いをしたり、主軸枝を支柱に誘引しておきます（79ページ参照）。

剪定は気温が上昇してから

　積雪により、木本体や花芽がダメージを受ける場合があります。そのため、剪定は気温が上昇し、暖かくなり始める3月下旬以降に実施します。すでに萌芽が始まっている木を剪定する場合もあるので、作業中に芽を傷つけないように注意します。
　北国でもそれほど雪が積もらない地

北国の栽培事例

右表は、生育状況と剪定および雪対策について、ある農家の例を示したもの。この表を参考にして、それぞれの地域の状況に合わせて作業を行うとよい。

『農業技術体系・果樹編・第7巻』
（1999・2006）より作成。

	1	2	3	4
北海道				萌芽
				冬の剪定
岩手県				萌芽
				冬の剪定
山形県				萌芽
				冬の剪定

域では、降雪前に剪定を終わらせて枝数を減らしておくと、雪の重みで枝が折れる可能性も低くなります。

収穫終了後のお礼肥の注意

肥料は年3回が基本で、萌芽時に元肥、開花後期から開花後に追肥、収穫終了後にお礼肥を施します。

温暖な地域と比較すると、同じ品種でも北国の収穫時期は遅くなります。そのため、お礼肥を施す時期が9月以降にずれ込む場合があります。この時期にチッ素肥料を効かせすぎると、枝

'アーリーブルー'(ノーザンハイブッシュ系)。

が徒長します。秋以降に伸びた枝は寒さに弱く、その状態で冬を迎えると、結果として枝が凍害を受ける場合があります。そのため、お礼肥は樹勢や葉色をよく観察して、必要最低限の量を施します。

	5	6	7	8	9	10	11	12
		開花	収穫				雪対策	
	開花		収穫					
冬の剪定		開花	収穫				雪対策	

More Info

ブルーベリー栽培の歴史

ブルーベリーの品種が作出された目的を知ると、
栽培に対する理解がより深まります。

移民たちの貴重な食料

　ブルーベリーの原産地は北米大陸です。古来より先住民たちは、ブルーベリーが属するスノキ属（Vaccinium）の果実を食用にしてきました。1620年よりピューリタン（清教徒）の北米移民が始まりました。のちに出版された一般市民の日記やスウェーデン出身の科学者の手記にはスノキ属植物に関する詳細な記述があります。それらを見ると、初期の入植者は食糧不足に悩まされ、ブルーベリーなどのスノキ属の果実は貴重な食料の一つであったと考えられます。当時ブルーベリーは経済栽培[*1]がされておらず、果実は自生している木から採取されていました。

　ブルーベリーの品種改良は1900年代から米国を中心に始まり、今も毎年のように新品種が発表されています。

それぞれの系統の育種の歴史

　ブルーベリーの品種は、米国内の各産地における生産性の向上や、栽培可能な地域を南北に広げる目的で進められてきました。

1 ハイブッシュブルーベリー

　ハイブッシュ系の品種育成は、1908年のニューハンプシャー州で、米国農務省の研究者が'ブルックス（Brooks）'を自生している個体群から選抜したことに始まりました。その後、ブルーベリーの品種改良の重要性が認識され、1911年より多数の品種が選抜されました。最初の研究者が残した6万8000もの実生苗から'ブルークロップ'などの多数の品種が選抜されています。

2 サザンハイブッシュブルーベリー

　1950年代初頭から米国農務省とフロリダ大学は、夏季が高温かつ湿潤であり、さらに冬季が温暖なフロリダ州の気象条件に適応するブルーベリーの共同育種プロジェクトを開始しました。その結果誕生したのがサザンハイブッシュ系です。

　サザンハイブッシュ系は、ノーザンハイブッシュ系（V. corymbosum）に、フロリダ州に自生する常緑性のV. darrowiという種の優れた形質（低温要求量[*2]が少ないこと、果皮が青色であること、耐乾性をもつこと）を加える目的で、両

種を交配してつくられたものです。ノーザンハイブッシュ系の低温要求量が1000時間であるのに対し、サザンハイブッシュ系では400時間とされています。

3　ハーフハイブッシュブルーベリー

ハイブッシュ系の耐寒性を高め、さらに果実の早熟性を獲得する目的で、ハイブッシュとローブッシュを交配して作出された品種群です。

4　ラビットアイブルーベリー

ラビットアイ系は耐暑性に優れ、ハイブッシュ系と比べると土壌適応性が広く、低温要求量も少なくてすみ、米国南部のブルーベリーの経済栽培に不可欠な種です。1893年、自生している木を圃場に移植した経済栽培がフロリダ州西部で始まり、果実品質や木の成長の均質化を目的に、品種改良の機運が高まりました。そして、ジョージア大学と米国農務省との共同育種プロジェクトが始まり、1950～1960年代にかけて'ホームベル''ティフブルー''ウッダード'が誕生しました。

最近の品種育成の動向

1990年代にブルーベリーの育種は転換期を迎えます。その背景には、世界的規模でブルーベリーの果実の需要が高まったことがあります。1990年代から2000年代初頭に、これまでブルーベリーを栽培していなかった地域でも生産されるようになり、世界的に生産量が増加しました。これは、品種改良によってより広い環境で栽培できるようになったことと、各栽培地域で独自の栽培技術が発展した結果です。

現在のブルーベリーの育種目標は1900年当時のものとほとんど変わっていません。最も重要な形質は、❶高い生産性、❷優れた風味、❸優れた果実品質、❹果梗痕の乾燥程度（収穫後の果実の果梗痕が湿っている場合、貯蔵性に劣る）などがあげられます。

これら以外にも、果実の成熟に関する早晩性、硬度、果皮の色、貯蔵性やpHが高い土壌での成長具合など、非常に多岐にわたる形質が改良の対象となっています。

栽培の現状

国連食糧農業機関（FAO）の発表では、2013年の世界のブルーベリーの収穫量は42万379トンで、2000年のデータと比較すると、収穫量と収穫面積はおよそ1.5倍に増加しています。収穫量が最も多い国は米国で、次いでカナダ、フランスとなっています。日本での主な産地は、農林水産省の発表では長野県、東京都、茨城県です。

＊1 経済栽培　収穫した果実を販売することを前提とした栽培で、採算も考えて行う。
＊2 低温要求量　休眠から覚めるために遭遇する必要がある低温の量。

Term Nav.

用語ナビ

「結果枝ってどんな枝?」「剪定はいつ?」
わからない用語があったらここを見てください。
この本の栽培用語をナビゲートします。

● このページの使い方
数字は用語の説明や作業の方法、写真があるページです。ここに説明を記した用語もあります。

あ

アントシアニン　77
植え穴　30, 31, 42, 44, 76
植え替え　→鉢替え、鉢増し
植えつけ(庭)　30, 31, 46, 52〜55, 78
エリコイド菌根菌　45, 55
お礼肥　31, 49, 91
　果樹では、収穫後に樹勢を回復させるために、お礼の気持ちを込めて施す肥料。

か

果梗　9, 62, 64
鹿沼土　28
　栃木県の鹿沼地方で採れる酸性の黄土色の土。水はけがよい。
果房　62
花房　9
完熟　62, 64
乾燥ストレス　63
吸枝　→サッカー
休眠　30, 31, 81
休眠枝　休眠期の枝のこと。
休眠枝ざし　30, 32, 47, 56〜57
切り返し剪定　36
結果枝　8, 34, 35, 36
結果習性　68
　果樹は種類により果実のつく位置が決まっている。これを結果習性と呼ぶ。
結果母枝　8, 35, 36, 41

結実　受精してタネができること。
交配
　異なる種や品種の花粉で受粉、受精すること。

さ

サザンハイブッシュ系　13, 18, 26, 92
さし木　30, 31, 47, 56〜57, 88
さし穂　56, 88
　さし木に使うために形を整えた枝や茎のこと。
サッカー　8, 35, 39, 41
酸性土壌　28, 45
3年生(苗)　10, 38, 49
　さし木からの経過年数が3年以上、4年未満の苗。
自家受粉　26
　同じ株(または同じ品種どうし)の花粉と雌しべとの間で受粉が行われること。
自然交雑
　人為的な交配ではなく、自然にほかの種や品種の花粉がついてタネを生じること。
遮光　30, 31, 61, 70
収穫　31, 62, 64
シュート　→結果枝
樹冠　8, 68
主軸枝　8, 35, 37, 39, 41
受精
　被子植物では、花粉の精細胞の核が、雌しべにある卵細胞の核と合体すること。
樹勢
　木の勢いのこと。木や枝が勢いよく育っていることを「樹勢が強い」という。
受粉
　被子植物では、花粉が雌しべの柱頭につくこと。

人工授粉　30, 58〜59, 87
新梢　31, 34
　春に新しく伸び出た枝のこと。「一年枝」「当年枝」とも呼ばれる。
施肥　48〜49
剪定（夏）　31, 62, 68〜69
剪定（冬）　10, 30, 31, 32, 34〜41, 86, 87
前年枝
　春に伸び始めた枝を「当年枝」または「一年枝」といい、その前の年からある枝を前年枝（二年枝）という。
外芽
　枝が多い木で、外側に向いている芽のこと。

た

他家受粉　26
　ある株の花粉が、異なる品種の雌しべに受粉すること。
タネまき　89
短日条件　68
　夜の長さが一定の時間より長くなる条件。
鳥害対策　30, 60〜61
追肥　30, 31, 49
　生育中に施す肥料のこと。
土壌改良　86, 87
　植えつける場所の土を、植物の生育に適するように、人為的に改良すること。ブルーベリーの場合は、土壌のpH調整、植え穴の準備、マルチングもこれにあたる。
土壌適応性
　pHや水もちといった土壌のさまざまな性質に適応する能力。
徒長枝　68
　ほかの枝よりも勢いよく長く伸びた枝。

な

2年生（苗）　10, 27, 38
　さし木からの経過年数が2年以上、3年未満の苗。
根　8, 9, 86

根鉢　9
　植物を鉢から抜いたり、庭から掘り上げたりするときに出てくる、根と土がひと塊になった部分。
ノーザンハイブッシュ系　13, 14, 26, 90, 92

は

ハイブッシュ系　13, 26, 28, 92
ハーフハイブッシュ系　13, 21, 90, 93
鉢　28
鉢替え　10, 30, 31, 46, 51, 78, 87
鉢増し　10, 30, 31, 46, 50, 78, 87
花芽　31, 34, 37, 38, 68, 69
葉芽　34
pH　28, 74〜75
　酸性、アルカリ性の度合いを示す単位。pH7.0が中性で、それより数値が小さいほど酸性が強い。
pH調整　74〜75
ピートモス　28
　湿地の水ゴケが堆積し、なかば腐熟したもの。通気性がよく、保水性に富む。
肥料　30, 48〜49, 87
不要な枝　36
萌芽　30　新芽が出始めること。
穂木　32〜33, 56
　さし穂をとるための枝。

ま

間引き剪定　36
マルチング　30, 31, 52, 54〜55, 60, 76
　木の根元や周辺をさまざまな資材で覆うこと。
元肥　30, 47, 49　生育開始前に施す肥料。

や〜ら行

雪吊り　78, 79
用土　28
ラビットアイ系　13, 22, 26, 28, 93
緑枝ざし　88
ローブッシュ系　13

伴 琢也（ばん・たくや）

東京農工大学農学部附属広域都市圏フィールドサイエンス教育研究センター准教授。大阪府立大学大学院農学研究科修了後、島根大学生物資源科学部を経て現職。専門は果樹園芸学、なかでもブドウとブルーベリーを研究対象とし、栽培環境要因が果実の着色や根系発達特性に及ぼす影響を解明し、実際の栽培技術へと応用することを目標としている。

NHK 趣味の園芸
12か月栽培ナビ⑤

ブルーベリー

2017年 4月20日　第 1 刷発行
2025年 3月25日　第11刷発行

著　者　伴 琢也
　　　　©2017 Ban Takuya
発行者　江口貴之
発行所　NHK出版
　　　　〒150-0042
　　　　東京都渋谷区宇田川町 10-3
　　　　TEL 0570-009-321（問い合わせ）
　　　　　　 0570-000-321（注文）
　　　　ホームページ
　　　　https://www.nhk-book.co.jp
印　刷　TOPPAN クロレ
製　本　TOPPAN クロレ

ISBN978-4-14-040278-8 C2361
Printed in Japan
乱丁・落丁本はお取り替えいたします。
定価はカバーに表示してあります。
本書の無断複写（コピー、スキャン、デジタル化など）は、著作権法上の例外を除き、著作権侵害となります。

表紙デザイン
岡本一宣デザイン事務所

本文デザイン
山内迦津子、林 聖子、大谷 紬
（山内浩史デザイン室）

表紙撮影
田中雅也

本文撮影
成清徹也
入江寿紀／竹田正道／田中雅也／
牧 稔人／丸山 滋

イラスト
江口あけみ
タラジロウ（キャラクター）

校正
安藤幹江／高橋尚樹

編集協力
小葉竹由美

企画・編集
渡邉涼子（NHK出版）

取材協力・写真提供
東京農工大学農学部
アルスフォト企画／伊藤ブルーベリー園／
エザワフルーツランド／オーシャン貿易／
草間祐輔／宍戸ブルーベリー園／
森林総合研究所／乃万 了／永峯哲郎／
伴 琢也／PIXTA